過子庸、陳文甲——著

台灣有事，

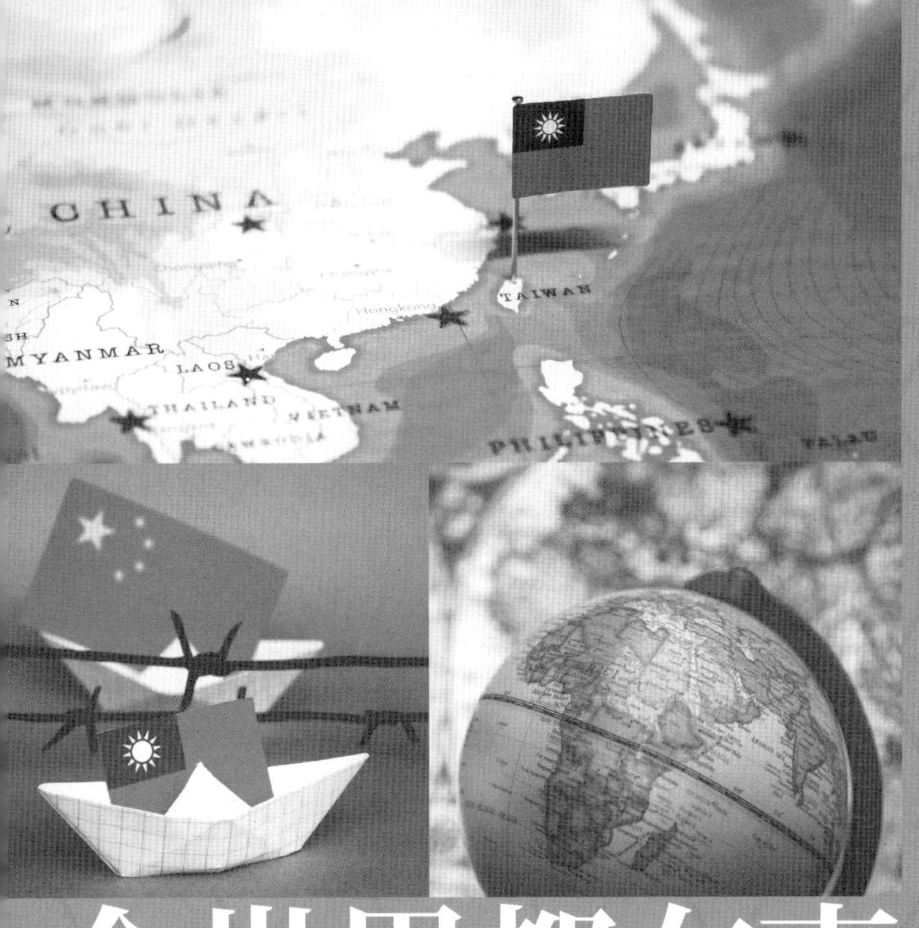

全世界都有事

——國際變局下的台海危機

推薦序

安倍晉三前首相不幸於去（2022）年7月8日遇刺殺亡，令人傷痛。因感念安倍與台灣深厚的友情，蔡英文總統先派賴清德副總統參加安倍首相的家祭，成爲1985年李登輝以副總統身分訪日之後，三十七年來台灣訪問日本最高層級的現任官員。接著嘉全也奉總統之命，會同王金平前立法院院長與駐日代表謝長廷大使，參加安倍的國葬典禮。兩次的弔唁，不僅代表對安倍首相最大的敬意，更彰顯台日兩國關係友好及密切。

回顧安倍前首相在世時，不但致力提升台日兩國關係，更多次於公開場合表達對台灣的堅定支持，包括支持台灣加入《跨太平洋夥伴全面進步協定》（CPTPP）、呼籲國際社會協助台灣加入「世界衛生組織」（WHO）等國際組織，如此崇高義舉，讓台灣人民銘記在心。

安倍前首相曾在2021年12月1日演說時明確指出：「台灣有事，等同於日本有事，也等同於日美同盟有事。」他呼籲北京領導階層，尤其是中國國家主席習近平「絕對不能誤判情勢」，這席話不僅是近年台日關係的最佳註解，也成爲穩定印太地區和平發展的關鍵名言。

此外，安倍前首相也在該演說中提到，「台灣在過去半世紀的漫長歲月中，幾乎不被國際所承認，但台灣人民堅忍不拔地堅持過來，推動民主運動迄今已逾二十五年，國際社會必須認識到，台灣已是成熟的民主國家」，這些有關台灣的論述，不僅字字句句鏗鏘有力，更精準說出台灣人民的心聲。

安倍前首相多次用實際行動與話語證明，他是台灣最眞心的朋友，可惜這些從友誼出發，且極具前瞻意義的眞誠演說，如今已成絕響，所幸現有過子庸與陳文甲兩位博士，針對安倍的演說進行延伸探討，內容嚴謹、見解精闢，對台日關係的展望極具參考價值，本人願予推薦，以表對安倍前首相的緬懷紀念。

台灣日本關係協會會長

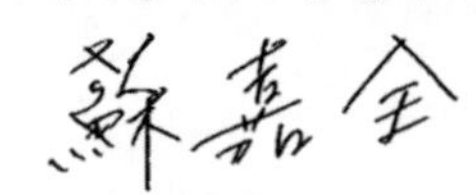

目　錄

前　言

日本於1972年9月29日與台灣斷交後，台日兩國官方關係陷入長期的冷淡狀態。直到友台的已故日本前首相安倍晉三（以下簡稱安倍）上台後，兩國關係才大幅改變。他經常公開表達對台灣的支持，例如他曾力挺台灣加入世界衛生大會（WHA），以及呼籲美國明確表達防衛台灣。在他強力主導下，日本於2015年9月19日通過《安全保障相關法案》（又稱《新安保法》），該法明定：當與日本有「緊密關係」的國家「遭受攻擊」、日本面臨「存亡危機」、「國民權利受到威脅」時，日本可以行使集體自衛權。所謂與日本有「緊密關係」的國家，其實就是指台灣。[1]

安倍辭卸首相職務後，更是積極地宣揚：任何對台灣的武力侵犯，對日本而言都是重大危險，日本無法容許該事態發生。[2]而他最廣爲人知的友台舉動之一，就是於2021年12月1日，以視訊在我國民間智庫「國策研究院」舉辦的會議發表演說時說出：「台灣有事，即日本有事，也就是日美同盟有事。」[3]（A Taiwan emergency is a Japanese emergency, and therefore an emergency for the Japan-U.S.

1　黃澎孝，〈有《台灣關係法》與《日美安保條約》雙重保險，何必非要引喻失義，拿烏克蘭來嚇台灣呢？〉，《關鍵評論》，2022年4月3日，https://www.thenewslens.com/article/164909。

2　同前註。

3　「有事」是指「有緊急狀況」。

alliance.）安倍甚至呼籲，北京領導階層，尤其是中國大陸（以下簡稱中國）國家主席習近平「絕對不能誤判情勢」。安倍在此演講之後也數度公開重申其一貫的態度。

安倍在東京演講時就表示，不論是日美、日美台、日美澳印「四方安全對話」（QUAD），理念相同的國家都應該加強關係，促使中國放棄武力統一台灣的想法。[4]雖然安倍已卸任首相職位，但是由於他擔任首相長達七年八個月之久（2012年12月26日至2020年9月16日），且在日本政壇仍擁有很大的分量，故其重要發言仍具影響力。《遠見雜誌》資深總主筆彭杏珠表示，安倍堪稱是我國最堅強的盟友。[5]爲何安倍會說：「台灣有事，即日本有事。」而其他國家，例如與台灣最接近的菲律賓就不會說：「台灣有事，即菲律賓有事。」對於此問題，牽涉到日本與中國之間的恩怨情仇，本書將在第一章加以說明。

接著本書提出第二個問題，難道台灣有事，就只有日本會有事而已，其他國家都不會有事嗎？本書大膽地推論，「若台灣有事，不只日本、美國有事，其他周遭國家會有事，甚至整個世界也可能都會有事。」此並非危言聳聽，或是誇大之辭，因爲俄烏戰爭就是前車之鑑。根據俄烏戰爭的經驗得知，「烏克蘭有事，歐洲有事，而且全世

---

4 程遠述，〈安倍曾說：台灣有事就是日本有事〉，《經濟日報》，2022年7月8日，https://money.udn.com/money/story/5641/6446553。

5 彭杏珠，〈中國軍演鎖台／台灣有事就是日本有事、全球有事？〉，《遠見雜誌》，2022年8月5日，https://is.gd/4tAwvw。

界都有事。」俄烏戰爭雖然是俄國侵略烏克蘭的戰爭，但是其影響卻是全球性。因爲俄國有豐富的石油與天然氣能源，而烏克蘭有廣大的麥田，素有「歐洲糧倉」（Breadbasket of Europe）之稱，因此兩國打仗深深地影響世界的能源安全與糧食安全。

雖然中國沒有像俄國一樣擁有豐富的石油與天然氣能源可影響世界的能源價格，台灣也沒有像烏克蘭一樣擁有廣大的麥田可影響世界的糧食價格，但是中國與台灣卻有足以影響區域甚至全世界的能力。例如中國爲世界製造大國，若中國以武力侵犯台灣，勢必引起各主要國家的制裁，如同各國制裁俄國一樣，此將影響中國的製造業，並造成全球供應鏈的斷裂，對世界經濟造成嚴重影響。從新冠肺炎的事件即可清楚了解，中國因爲採取嚴格的「清零政策」，進行大規模的封城，導致製造業停擺，進而影響全球的供應鏈。

而台灣雖小，但卻一樣具有影響區域及世界的能力。因爲台灣位居第一島鏈關鍵位置，若被中國以武力奪取，將對亞洲地區、美國及全球的安全造成影響。而且台灣擁有先進的晶片製造技術，僅台積電一家企業，就占據全球過半的晶圓代工市場。一旦台灣遭到中國的軍事侵略，勢必會影響全球晶圓的供應。由此可見，台灣也同樣具有影響區域及世界的能力。在分析台灣有事，到底誰會有事之前，本書先討論俄烏戰爭所產生的「蝴蝶效應」（Butterfly Effect），作爲後續討論的依據。因此，第二章將探討俄烏戰爭所造成的影響。

第三章將討論一旦台海爆發戰爭，可能產生何種危機，對區域或世界會造成哪些影響，以及這些影響是否會比俄烏戰爭所造成的影響還大。第四章討論有關中國內部對台灣「和統」與「武統」的爭辯，這兩種聲音何種占上風。第五章討論台灣有事時，到底有誰會來相助？這也是國人非常關心的問題。第六章則對台灣的重要性與價值性提出一些反證，包括台灣的民主制度、地緣政治、晶片科技、先進供應鏈等；因爲有些人並不認爲由於台灣具有這些優點或優勢，會使得中國不敢輕舉妄動、攻打台灣，或者是美國一定會出兵保衛台灣。

第一章

中國與日本的舊恨與新仇

第一節　中日間存在的問題

在世界的國際關係中，中國與日本之間的關係是最爲複雜之一，因爲除了有過去歷史所遺留下來的舊恨外，還有近幾年所產生的新仇。這些舊恨與新仇成爲雙方關係發展的「絆腳石」，迄今仍然無法獲得解決，因此安倍才會說：「台灣有事，即日本有事。」以下列舉幾個兩國間敏感的問題，並概略地說明。

一、釣魚台問題

釣魚台列嶼是位於東海南部、台灣東北、沖繩島西南的一組島嶼。[1]該列嶼現在由日本所控制，隸屬於沖繩縣石垣市管轄。但是我國與中國亦聲稱擁有其主權，故三方之間經常發生爭議。由於此問題涉及敏感的領土及主權問題，在傳統的「寸土不讓」思維之下，成爲雙方長期以來最難以解決的問題之一，嚴重影響中日兩國的關係。尤其是日本政府於2012年9月10日，將原本屬於私人的釣魚台國有化後，導致該領土爭端急遽升高，中日雙方關係降到冰點。[2]

中國經常派海警船定期巡航釣魚台領海，以宣示主權。日本認爲

1　日本稱爲「尖閣諸島」（Senkaku Islands），由釣魚台、黃尾嶼、赤尾嶼、南小島、北小島等島嶼及岩礁構成，總陸地面積約6.16至7平方公里（潮差變化），其中主島釣魚台之面積3.82至4.38平方公里。〈釣魚台列嶼〉，《維基百科》，2022年9月1日，https://zh.wikipedia.org/wiki/%E9%87%A3%E9%AD%9A%E8%87%BA%E5%88%97%E5%B6%BC。

2　根據日本法律，釣魚台原登記在日本埼玉縣的栗原國起名下。東京都知事石原愼太郎爲獲得該島嶼管轄權，發起日本國民捐款，於2012年9月10日以20.5億日圓購買該島嶼。

中國海警船出現在釣魚台附近海域，已侵害其海洋漁業管轄權。日本爲維護該列嶼的主權，耗費鉅資成立「尖閣警備專屬部隊」，成爲該國規模最大的海上治安特別警備部隊。[3]中國於2021年1月22日通過《海警法》，根據該法，當中國的海上權利受到外國組織與個人的不法侵害，或者面臨不法侵害的緊迫危險時，其海警有權使用武器，因此引發日本政府的強烈抗議。現在雙方船艦仍然經常在該海域對峙，這種緊張情況在釣魚台問題未獲得解決之前，是不可能消失。

若台灣有事，日本最容易遭受攻擊的領土就是釣魚台。根據《新新聞》轉載《讀賣新聞》的報導，根據美軍兵棋推演，若中國武力犯台，且美軍介入失敗的情況下，釣魚台將在四天就會落入敵手。爲加強對釣魚台的防禦能力，日本政府於2016年起，在距離台灣最近的與那國島部署「沿岸監視隊」（約160人），2019年更在奄美大島（位於九州鹿兒島縣）部署飛彈部隊（約550人），2020年連宮古島也部署了飛彈部隊。僅距離台灣270公里的石垣島於2023年3月16日開始部署飛彈部隊，與那國島則部署電子戰部隊。

美國國防部部長奧斯汀（Lloyd Austin）與國務卿布林肯（Antony Blinken）於2021年3月16日連袂造訪日本，與外長及防長舉行2加2會談，雙方強調將聯手應對中國威脅。根據《讀賣新聞》報導，奧斯汀與岸信夫就「尖閣諸島（釣魚台列嶼）有事」的情況交換

3　張茂森，〈日釣島海上警備隊 規模冠全國〉，《自由時報》，2016年2月25日，http://news.ltn.com.tw/news/world/paper/961921。

意見，兩人同意展開聯合軍演。《共同通訊社》（以下簡稱《共同社》）更指出，美日防長除了討論「尖閣有事」外，並認爲「台灣有事」時，兩國亦將密切合作。[4]在奧斯汀訪問日本後，美日雙方展開有史以來最密集的聯合軍演，其中於同年11月19日至30日舉行的「兩棲作戰」奪島演習，被認爲是針對台海安全；中國對此表達抗議。[5]

另外，根據《日本放送協會》（NHK）於2022年9月12日報導提到，美國華府智庫「戰略暨國際研究中心」（CSIS）指出，有中國大型漁船載著受過軍事訓練的「海上民兵」經常出沒釣魚台海域附近。這些漁船除了進行一般的漁業活動之外，還負責在特定海域停留示威與進行海上偵察、監視等活動。CSIS資深研究員波林（Greg Poling）分析：「中國正在利用海上民兵，平時持續施加壓力，對負責警戒監控的日本海上保安廳造成負擔」。另外根據日本的民調結果顯示，有超過八成的日本民眾對日中關係並不樂觀，此可能與中國在釣魚台的活動有關。[6]

---

4 〈「台海一旦開戰，尖閣諸島恐落入中國手中！」日媒：自衛隊將動員14萬部隊，與美軍舉行大規模演習〉，《風傳媒》，2021年3月23日，https://is.gd/j816P1。

5 李志良，〈有史以來最密集!「堅毅之龍21」還在進行中 美日又舉行「山櫻」聯合軍演〉，《新頭殼》，2021年12月6日，https://newtalk.tw/news/view/2021-12-06/677086。

6 朱紹聖，〈大陸海上民兵 頻繁至釣魚台周邊活動〉，《中國時報》，2022年9月14日，https://www.chinatimes.com/newspapers/20220914000693-260303?chdtv。

二、參拜靖國神社問題

靖國神社爲日本供奉自明治維新時代以來陣亡將士，相當於我國的忠烈祠。故該國元首參拜靖國神社，原本無可厚非，過去許多日相也前往參拜。但是日本政府於1978年將東條英機等14位第二次世界大戰（以下簡稱二戰）的甲級戰犯入祀之後，該神社的性質產生重大變化。從此，日相參拜神社幾乎都會引起曾經被日本侵略過的亞洲國家反彈。尤其中國視日相參拜靖國神社，就是有意恢復軍國主義，是個嚴重的問題，每次都提出強烈的抗議。

旅美歷史學者黎蝸藤表示，雖然在靖國神社內的14名甲級戰犯只占從1853年起爲日本征戰而死亡之246萬名軍人的不到十萬分之一，但是很多中國人都認爲，日相前往靖國神社參拜就如同德國總理爲希特勒（Adolf Hitler）掃墓。故每次日本政界參拜靖國神社，就會引發中日之間的外交爭議。但是每個國家都有自己的愛國教育，在外國的壓力下不去參拜爲國犧牲者是難以想像的事。[7]東海大學日本語言文化學系教授笹沼俊曉表示，現在構成自民黨政權的重要基礎，其實是1997年成立的宗教右派勢力「日本會議」，他們具有強烈的民族主義，在日本甚具影響力，[8]因此多位日相爲了討好此派勢力，依然前

---

7 黎蝸藤，〈中日「歷史問題」再認識（七）：參拜靖國神社是悼念還是狡辯？〉，《關鍵評論》，2018年2月28日，https://www.thenewslens.com/article/89402/page2。

8 笹沼俊曉，〈在日本，「右翼」到底是何種存在？〉，《獨立評論》，2022年7月15日，https://opinion.cw.com.tw/blog/profile/532/article/12509。

往靖國神社參拜。

每次日相參拜靖國神社，都會引起中韓兩國的強烈不滿。但是並非每位日相都會去參拜，小泉純一郎於2006年8月15日最後一次參拜後，為了避免引起不必要的外交爭議，繼任的幾位首相並未前往。安倍於2006年繼小泉純一郎擔任首相時，亦未前往祭拜。但是他於2012年底再度擔任首相之後，採取「親美擁歐，全面抗中」的策略。[9]他不顧中國的壓力，於2013年12月26日前往參拜，此舉激怒中國，時任外交部部長王毅召見日本駐中大使木寺昌人提出強烈抗議，其駐日本大使程永華並赴日本外務省提出強烈抗議，可見中國對此事的敏感態度。[10]

表1-1　第二次戰後日本首相參拜靖國神社一覽表（共計15位）[11]

首相	任期	參拜次數
東久邇宮稔彥王	1945年	1次
幣原喜重郎	1945-1946年	2次
吉田茂	1946-1947、1948-1954年	5次
岸信介	1957-1960年	2次
池田勇人	1960-1964年	5次

9　曾復生，〈日韓應鼓勵美中健康競合〉，《中國時報》，2015年12月31日，http://www.chinatimes.com/newspapers/20151231000994-260310。

10　〈中國駐日大使抗議安倍參拜靖國神社〉，《BBC中文網》，2013年12月26日，http://www.bbc.com/zhongwen/trad/world/2013/12/131226_china_japan_protest.shtml。

11　張石，《靖國神社與中日生死觀》（香港：三聯書店，2015年），頁2。

表1-1　第二次戰後日本首相參拜靖國神社一覽表（共計15位）（續）

首相	任期	參拜次數
佐藤榮作	1964-1972年	11次
田中角榮	1972-1974年	6次
三木武夫	1974-1976年	3次
福田赳夫	1976-1978年	4次
大平正芳	1978-1980年	3次
鈴木善幸	1980-1982年	9次
中曾根康弘	1982-1987年	10次
橋本龍太郎	1996-1998年	1次
小泉純一郎	2001-2006年	6次
安倍晉三	2006-2007、2012-2020年	1次

資料來源：曾國貴、蘇韋列、邱奕吉吉，〈靖國神社爭議對東北亞國際關係的影響〉，2011年3月18日，https://is.gd/R0ew7q；及筆者加以補充。

三、慰安婦問題

慰安婦屬於人道問題，並不如主權及領土般的棘手，應該比較容易解決。然而，由於日本政府多年來一直不願就此問題認錯及道歉，故此問題長期影響中日關係的發展。在日本國內，最不願承認慰安婦存在的團體，莫過於傾右的保守派人士，他們在日本政界極具影響力。例如安倍曾表示，在軍方及官方資料上，沒有證據顯示慰安婦是被強徵而來。[12]而且前文部科學副大臣的自民黨議員櫻田義孝竟然於

---

12 〈安倍晉三：無證據顯示慰安婦是被強徵〉，《東網》，2016年1月18日，

2016年1月14日表示：「慰安婦是職業妓女，但有人將她們視爲受害者，是因爲過度宣傳所致。」此言論令人嘩然，他後來在各界的輿論壓力下，表示撤回該言論。[13]

日本雖然於2015年12月28日與南韓就此問題達成協議，並撥款10億日圓（約830萬美元）協助南韓成立支援慰安婦的基金會。[14]但是，日本卻仍然不願對中國的慰安婦道歉及賠償，縱然中國於2011年日本「311大地震」積極予以援助，卻依然無法改變日本對於此問題的態度，故讓中國政府與人民極度不滿。中國外交部發言人陸慷在日韓對於慰安婦達成協議後表示：「再次敦促日方切實正視和反省侵略歷史，以負責任的態度處理有關問題。這一立場是一貫的，沒有變化。」[15]

對於慰安婦問題，日本政府通常採取迴避的態度。黎蝸藤認爲，日本政府之所以不願意承認此問題，主要有兩個原因：第一，日本

---

http://hk.on.cc/int/bkn/cnt/news/20160118/bknint-20160118200147544-0118_17011_001.html?eventsection=cn_news&eventid=402882b0515d0f690151e76b235f36aa。

13 〈指慰安婦爲妓女 日議員撤言論道歉〉，《東網》，2016年1月14日，http://hk.on.cc/int/bkn/cnt/news/20160114/bknint-20160114174329831-0114_17011_001.html?eventid=402882b0515d0f690151e76b235f36aa&eventsection=cn_news。

14 寒竹，〈日本應當擺正心態對待歷史問題〉，《觀察者網》，2016年1月4日，http://big5.qstheory.cn/gate/big5/www.qstheory.cn/politics/2016-01/04/c_1117654676.htm。

15 〈日解決慰安婦問題誠意 中國：拭目以待〉，《BBC中文網》，2015年12月29日，http://www.bbc.com/zhongwen/trad/china/2015/12/151229_comfort_women_china_reaction。

政府知道「強制慰安婦」是恥辱的事情；第二，日本政府傾向不認爲「強制性」的「慰安婦」是國家行爲。亦即日本人民其實也知道慰安婦是錯誤的行爲，但是基於羞恥心，不願公開承認此歷史的錯誤，而將慰安婦認定爲自願獻身皇軍的愛國婦女，或是因爲金錢而爲皇軍提供性服務的妓女。許多日本右翼分子就強調，她們最先都是爲了金錢，只是後來出於羞恥才稱被誘騙。[16]但是不論眞相爲何，在慰安婦問題上，日本不願對中國道歉，中日兩國將永無寧日。

四、竄改歷史教科書問題

此問題也一直困擾著雙方，因爲引發戰爭的日本，多次企圖在教科書的內容中淡化過去所做錯的事。例如日本文部省於1982年審定教科書時，將「侵略華北」與「全面侵略中國」段落中的「侵略」改爲「進出」，將「南京大屠殺」改爲「占領南京」。日本政府並於2015年宣布修改公立學校的教科書內容，以「南京事件」取代原有的「南京大屠殺」，有關慰安婦的內容淡化成當時未有脅迫的證據。日本文部科學大臣下村博文表示，修改後的教科書比過去「更平衡史實」。此事件亦引起中國不滿，時任外交部發言人華春瑩就表示：「歷史就是歷史，不能也不容篡改」，「我們再次嚴肅敦促日方本著對歷史高

16 黎蝸藤，〈中日「歷史問題」再認識（一）：慰安婦不幸成爲國際政治鬥爭的工具〉，《關鍵評論》，2017年11月26日，https://www.thenewslens.com/article/84161。

度負責的態度」。[17]

中國政府爲了提醒人民有關日本侵略的歷史，於2014年2月「第十二屆全國人大常委會第七次會議」，將每年12月13日定爲「國家公祭日」，悼念在日本帝國主義侵華戰爭期間，慘遭殺戮的死難者，而且習近平等高層官員都出席首次「國家公祭日」。接著，中國爲了紀念對日抗戰勝利七十週年紀念，於2015年9月3日在北京舉行盛大的閱兵，邀請多國領袖及聯合國秘書長潘基文等重要政治人物出席。政經評論家及中共黨史學者林保華評論稱，這是中國公開羞辱日本的一場閱兵式。[18]

另外，中國於2014年所申報的《南京大屠殺檔案》，亦於2015年被聯合國教科文組織（UNESCO）正式列入《世界記憶名錄》中。日本外務省表示，對於聯合國教科文組織的決定感到極爲遺憾。[19]日本政府爲表達不滿，2016年決定拒絕向該組織繳納40億日圓（約4,000萬美元）會費。[20]由上述事件顯示，中國持續透過各種方式，加深對內的仇日教育，以利用民族主義強化其統治的基礎。對於中國人民根

---

17 阿咖，〈淡化屠殺歷史？ 日本修改高校教科書內容惹議〉，《東網》，2015年4月8日，https://dq.yam.com/post.php?id=3692。

18 林保華，〈中國九三閱兵的外交折衝〉，《自由時報》，2015年9月2日，http://talk.ltn.com.tw/article/paper/911959。

19 〈南京大屠殺檔案入選《世界記憶名錄》〉，《端傳媒》，2015年10月12日，https://theinitium.com/article/20151011-dailynews-nanjing-massacre-UN/。

20 〈不滿大屠殺成世遺 日本停交UNESCO會費〉，《BBC中文網》，2015年10月14日，http://www.bbc.com/zhongwen/trad/world/2016/10/161014_japan_withheld_unesco_dues。

深蒂固的仇日心態，《中國爲何反日？》一書的作者岡本隆司表示：「中國人將『愛國』與『反日』畫上等號的心情與想法，日本人既無法理解，也感到不悅。」

五、東海問題

中日兩國在東海問題上，不但涉及釣魚台的主權問題，還有油氣田的紛爭。聯合國「亞洲暨遠東經濟委員會」（UN Economic Commission for Asia and the Far East, UNECAFE）於1968年10月成立「亞洲近岸海域礦產資源聯合勘探協調委員會」（Committee for Co-ordination of Joint Prospecting for Mineral Resources in Asian Offshore Areas, CCOP），在東海、黃海與渤海進行石油勘探工作。該委員會於1969年4月向聯合國提交《艾默利報告》（*Emery Report*）指出，東海大陸礁層有可能蘊藏著極爲豐富的油氣資源。此報告發表後，中日兩國開始爭奪東海油氣田的權利。[21]

中日兩國曾試圖商討合作共同開發東海油氣田，雙方於2008年就共同開發東海油氣田達成《中日東海問題原則共識》的協議，並展開談判。但是2010年9月7日發生一艘中國漁船在釣魚台列嶼海域與日本巡邏船相撞，中國船長詹其雄遭日本扣押的事件，雙方關係急速降溫，東海油氣田的談判也因此暫停。另外，中國爲了控制東海的主權與油氣田這塊大餅，於2013年11月23日單方面劃設「東海防空識別

---

[21] 朴炳培，〈1969年以來日韓在東海油氣田的競合〉，《問題與研究》，第56卷第4期，2017年12月，頁31。

區」（East China Sea ADIZ），引起日本強烈抗議。

之後，中國空軍根據《中華人民共和國東海防空識別區航空器識別規則公告》，在ADIZ保持常態化空中巡邏。[22]日本戰機則經常緊急起飛攔阻，而且還曾出現對峙的緊張情形。據日本《共同社》於2016年6月28日報導，中國軍機曾在東海上空對航空自衛隊的戰機做出類似攻擊的動作。[23]但中國國防部於7月4日的聲明中反駁稱，日本戰機於6月17日曾以火控雷達瞄準中國戰機。外媒稱這是自二戰後七十多年來，中國空軍首次與日本戰機實施戰鬥狀態。[24]

根據日本《共同社》報導，日本海上自衛隊於2022年6月20日發現位於中國一側海域出現類似開採設備的構造物，經分析認定是油氣田開採設施。日本外務省向中國駐日本大使館次席公使楊宇提出抗議，並要求立即重啓關於油氣田開發的談判。日本官房長官松野博一向北京表示抗議，並稱「單方面的開發行為與試圖將其變為既成事實的做法，極其令人遺憾」。[25]中國與日本雖就東海油氣田問題已展開11輪會談，但由於雙方的主張相當分歧，故談判無實質的進展。若此

22 橋本隆則，〈東海上空不平靜的對峙〉，《每日頭條》，2016年7月7日，https://kknews.cc/military/xm6ver.html。

23 王歡，〈日本中將：中國戰機曾對日機做「攻擊動作」，嚇跑日機〉，《環球網》，2016年6月29日，http://www.ifuun.com/a2016629191582/。

24 軍機處，〈中日軍機東海上空正面對峙，飛行員差點按下電鈕〉，《壹讀》，2016年7月26日，https://read01.com/dBdB32.html。

25 廖士鋒，〈日方：大陸在東海單方面開採氣田 已提出抗議〉，《聯合報》，2022年6月21日，https://udn.com/news/story/7333/6405511。

問題不解決，則衝突可能會逐漸加深。[26]

六、南海問題

日本並非南海爭端的當事國，南海問題在近幾年間之所以會成爲中日兩國間重要的外交爭議，是因爲日本爲了協助美國對抗中國，開始積極地介入此爭端。例如，日本將大批的二手裝備援助菲律賓。而且，日菲兩國海軍還於2015年6月23日在靠近南沙群島附近海域，以人道援助爲目的，開始舉行首次聯合演習。中央研究院歐美研究所研究員宋燕輝教授表示：「日本刻意在國際場合，利用南海爭端大肆渲染『中國威脅論』，一再強調南海爭端威脅到區域和平與穩定，是國際所應關切的共同議題。」[27]

尤其於2016年7月12日，國際仲裁法庭公布南海仲裁案的結果，幾乎支持菲律賓的全部訴求後，日本的態度讓中國人民極爲反感。日本政府在獲知裁案的結果後表示歡迎，時任外相岸田文雄發表聲明稱：「日本一貫主張國際規則的重要性，支持由法律和平手段來解決相關爭議，任何國家都不應使用武力或脅迫的辦法。」[28]中國外交部發言人陸慷批評稱，此次仲裁案的常設仲裁法院是由國際海洋法法庭

---

26 陳怡君、王慶瑜，〈衝突或合作：東海油氣田 爭端之過去、現在與未來〉，《展望與探索》，第9卷第8期，2011年8月，頁61。

27 宋燕輝，〈美國與日本介入南海爭端的策略與作法〉，《台北論壇》，2014年11月14日，http://140.119.184.164/view_pdf/172.pdf，頁5。

28 江飛宇，〈日本、菲律賓對南海仲裁結果表示歡迎〉，《中國時報》，2016年7月12日，http://www.chinatimes.com/realtimenews/20160712006253-260408。

前任庭長、日籍法官柳井俊二所籌建，他曾協助安倍推動《新安保法》相關政策，故仲裁法院從成立開始就已經政治化，不具合法性，批評日方針對南海問題「搧風點火」。[29]

日本政府於2016年8月20日披露：「中國駐日大使程永華在南海仲裁案前曾向日方施壓，要求日方不要干涉南海問題，若日方派自衛隊赴南海，是跨越中國不可退讓界線，對此將絕不容忍，會使用軍事手段對抗，以制約日美防務部門在南海的合作。」[30]另外，習近平於同年9月5日在「20國集團」（G20）杭州峰會期間會見安倍時亦表示，雙方要管好老問題，防止新問題，減少「絆腳石」；日方在南海問題上要「謹言慎行」，避免對中日關係改善造成干擾。[31]由此可知，南海問題是近幾年來中日兩國之間的新仇。

第二節　影響中日關係的負面因素

本文將上述影響中日兩國關係的多項問題，歸納為兩個重要的負面因素：安全困境（Security Dilemma）與歷史困境（Historic Dilemma）。兩國關係若要獲得改善，必須解決這幾個新舊問題，但

---

29 詹如玉，〈南海仲裁案出爐》中國批日本是幕後黑手 日媒：沖之鳥礁地位岌岌可危〉，《風傳媒》，2016年7月13日，https://www.storm.mg/article/141713。

30 陳慶餘，〈日本若派兵南海 中國：不惜動武〉，《中國時報》，2016年8月21日，https://www.chinatimes.com/amp/hottopic/20160821003270-260813。

31 馮昭，〈習安會 陸籲日在南海問題謹言慎行〉，《Yahoo》，2016年9月5日，https://is.gd/4uDxaF。

不論是舊恨還是新仇，都是非常難解的問題。

一、安全困境

中日兩國的安全困境源自於「修昔底德陷阱」（Thucydides Trap），此名詞是美國國家安全及國防政策專家、哈佛大學政治學系教授艾利森（Graham T. Allison）所提出。他從古希臘歷史學家修昔底德描述西元前5世紀的伯羅奔尼撒戰史（The History of the Peloponnesian War）中了解到，當時的雅典實力成長茁壯，威脅到斯巴達的霸權，引起雅典與斯巴達的流血戰爭。修昔底德在書中總結稱：「使戰爭不可避免的眞正原因，是雅典勢力的增長與斯巴達的恐懼。」艾利森從過去五百年中，找到了16個例子，其中14個都以戰爭告終。[32]

此意指新崛起的大國必然會挑戰現存大國，而現存大國也必然回應此威脅，讓戰爭變得不可避免，[33]因而形成一種難以解決的「安全困境」。其實，所謂的「修昔底德陷阱」就是不願屈就爲老二的心態。既有的強權一定會壓制新興強權，而後者一定會排斥前者。日本雖然在二戰中戰敗，但是戰後迅速恢復，成爲亞洲的強權；而中國於1949年建政以來，卻因爲內部動亂而一直積弱不振，在經濟及軍事上無法與日本相比。

---

32 郭崇倫，〈北韓是中美間的修昔底德陷阱〉。

33 漂流木，〈【時事想想】川普會讓中國默默壯大自己嗎？〉。

然而，中國自「改革開放」後，以快速成長的經濟支持軍事現代化。日本雖仍不認爲中國軍力超越日本，甚至帶有瞧不起的心態，但是中國的「國內生產毛額」（GDP）已於2010年超越日本，成爲僅次於美國的世界第二大經濟體，而日本由於仍深陷經濟欲振乏力的困境，其在亞洲強權的地位逐漸受到中國威脅。而且，中國軍事力量正快速成長，例如其空軍的隱形戰機發展就比日本空軍快速。中國已有「遼寧號」與「山東號」兩艘航空母艦，第三艘「福建號」航空母艦於2022年6月17日舉行下水儀式，並展開航行試驗。

世人雖然關注中美之間的可能衝突，但是因爲該兩國處於太平洋的兩岸，沒有直接的地緣政治衝突。習近平曾說，這個世界有足夠的空間來容納兩個大國。就如同冷戰時期，世界上有美國及蘇聯兩大強權一樣；而且中國也努力建設「新型大國關係」，避免中美陷入「修昔底德陷阱」。[34]但是東亞地區卻無足夠的空間容納中日兩個強權。中國俗話也說：「一山不容二虎」或「天無二日」，而且「臥榻之側，豈容他人酣睡」，因此在東亞的競技場上，很難同時有兩個強權並存。

根據新加坡國立大學東亞研究所所長鄭永年教授分析稱：「從過去的歷史觀之，一個大國的崛起不可避免地要引發地緣政治的變革。因爲當一個國家崛起，就會形成以這個國家爲中心的新地緣政治影響

---

34 鄭永年，〈地緣政治新格局和中國的戰略選擇〉，《灼見名家》，2016年6月2日，http://master-insight.com/content/article/7460?nopaging=1。

範圍或者新秩序，其形成必然導致原來地緣政治格局秩序的強烈反彈。」[35]中國人民大學國際關係學院王義桅教授表示：「國際關係史上，最難處理的就是鄰國關係，尤其是所在同一個地區出現兩個都『絕不做老二』的一對鄰居，如何和平共處，考驗雙方智慧。」而且雙方之爭的背後，還有美國的影子，讓此關係更爲複雜難解。[36]

二、歷史困境

除了「修昔底德陷阱」因素外，雙方間的舊恨與新仇，讓中日關係危機重重，雙方的不信任感也持續深化。這兩個亞洲對手之間的歷史糾葛已轉化爲對抗態勢，而且消除衝突的可能性似乎越來越渺茫。根據「國際危機組織」（International Crisis Group）所發表題爲《舊怨與新恨：演變中的中日緊張關係》報告中指出：「中國和日本之間的敵意正在強化爲對抗，似乎越來越難以用外交手段解決。」[37]日本政府認爲中國正在東亞地區追求霸權，中日關係正從「合作與共存」轉向潛在的「競爭與摩擦」。因此日本參議院於2015年9月19日通過《新安保法》，解禁集體自衛權，此舉引發中國的關注。[38]

---

[35] 同前註。

[36] 王義桅，〈王義桅：警惕美國將亞洲霸權部分外包給日本〉，《新浪網》，2014年7月2日，http://blog.sina.com.cn/s/blog_5f54ff2b0102uwkm.html。

[37] 王霜舟，〈舊恨新仇，中日關係危機重重〉，《紐約時報中文網》，2014年7月28日，http://cn.nytimes.com/world/20140728/c28japan/zh-hant/。

[38] 〈中國：日本通過安保法戰後「前所未有」〉，《BBC中文網》，2015年9月19日，https://www.bbc.com/zhongwen/trad/world/2015/09/150919_japan_security_bills_china_reax。

此外，日本政府想方設法地欲抹去侵略中國的歷史，然而中國卻大張旗鼓地紀念，例如中國於2014年7月7日在北京郊外的抗日戰爭紀念館舉行「七七事變」七十七週年大規模紀念儀式。會中習近平表示：「直到今天仍有少數人無視鐵的歷史事實，一再否認甚至美化侵略歷史，破壞國際互信，製造地區緊張，中國人民和各國人民絕不答應。」由於這是中國最高領導人首次出席該紀念會，因此日本媒體評論稱，此乃中國展現其在歷史問題上，正式加強對安倍政權施壓的態度。[39]

審視上述幾個歷史困境的問題，其中的參拜靖國神社、慰安婦、竄改歷史教科書等問題的解決之鑰，都握在日本的手上。只要日本能夠承認過去所犯下的錯誤，雙方關係應會有所改善，但是日本就是不願意對中國人道歉，其實這與日本對中國的輕視態度有關。早在1885年，被日本譽為近代教育之父及明治維新啓蒙大師的福澤諭吉所發表的「脫亞論」，就表達輕視中國與韓國之意。日本人非常尊崇福澤諭吉，認為他是促成明治維新的大功臣，因此其肖像曾被印在日本鈔票上。[40]中國學者王義桅表示：「明治維新後，日本認為繼承了西方現代文明道統，因而自我定位為西方先進的民主國家一員，將西方殖民

39 〈中國紀念盧溝橋七七事變77週年〉，《自由亞洲電台普通話》，2014年7月7日，http://www.rfa.org/mandarin/yataibaodao/junshiwaijiao/nz-07072014143415.html。

40 呂正理，《另眼看歷史（下）》（台北：遠流出版社，2010年7月），頁920。

者的現代性邏輯照搬於亞洲，以正統自居，看不起中國。」[41]

第三節　中日關係的未來發展

中國與日本的關係由於糾葛著地緣政治與歷史恩怨，長久以來兩國之間錯綜複雜的關係深受「安全困境」及「歷史困境」兩個重要的負面因素影響，成爲東亞國際政治最詭譎、敏感的部分。由於「安全困境」涉及國家安全的問題，沒有一方願意妥協，較難以解決。日本在感到中國的軍事威脅越來越強時，亟欲修改《憲法》以解禁其自衛權；而中國對此也感到不安，因此回應表示，日本應切實尊重亞洲鄰國的關切，謹慎處理有關問題，不得損害中國的主權與安全，不得損害地區的和平穩定。[42]

另外，「歷史困境」則是長久所遺留下來的問題，非一朝一夕所能解決。但歷史的恩怨並非不能化解，解決此問題之鑰握在日本的手上，因爲日本爲侵略國。歷史上也有兩個世仇化干戈爲玉帛的例子，例如德國因爲能夠對過去的侵略行爲深切反省及道歉，而獲得鄰國的原諒，才能與百年世仇的法國和解，成爲堅定的盟友，並攜手共創「歐洲聯盟」。因此，德國被視爲「對過去道歉」的成功案例。[43]日

---

[41] 王義桅，〈王義桅：警惕美國將亞洲霸權部分外包給日本〉。

[42] 〈中方回應日本決定解禁自衛權：不得損害中國安全〉，《人民網》，2014年7月2日，http://japan.people.com.cn/BIG5/n/2014/0702/c35469-25227464.html。

[43] 赤川省吾，〈歐洲戰後和解也歷經曲折〉，《日本經濟新聞中文版》，2015

本若能學習德國人的態度，必定能緩解與中國的關係。

由於日本與中國的關係有此兩大困境，現今中國人民的反日情緒依然高漲，並經常爆發反日浪潮，造成兩國關係緊張。例如日本首相參拜靖國神社、修改教科書、否認慰安婦的存在，以及日本欲爭取成爲聯合國常任理事國等事件，都會在中國引爆反日浪潮。故日本一直深怕中國一旦強盛起來，會對其進行報復。英國《金融時報》專欄作者稻垣加奈就表示，俄烏戰爭爆發更讓日本意識到，如果日益咄咄逼人的中國對台灣採取軍事行動，日本亦將遭到魚池之殃。[44]

各界也在關注中日未來關係的可能發展，因爲此關係涉及東亞的安全環境。由過去雙方關係的發展情形觀之，短期內此關係恐難以樂觀。尤其在美國的介入下，雙方的關係較有可能朝向衝突對抗長期化的方向發展。政治大學東亞所榮譽教授邱坤玄教授表示，中國與日本在「致力於發展」方面具有地理鄰近與文化同質的優勢，但是在「致力於和平」方面則相對薄弱，因爲兩國缺乏進行「戰略」合作的基礎。中國與日本兩國政府與人民對於許多問題的歧異仍深，因此兩國仍將維持經濟彼此合作，但是政治與安全相互鬥爭的基本格局。[45]

年3月12日，http://zh.cn.nikkei.com/columnviewpoint/column/13475-20150312.html。

[44] 稻垣加奈，〈日本首相輸不起的豪賭〉，《經濟日報》，2022年8月29日，A7。

[45] 邱坤玄，〈中共外交政策〉，張五岳主編，《中國大陸研究》（第1版），頁156。

第二章

俄烏戰爭的前車之鑑

俄烏戰爭雖然是俄國與烏克蘭兩國之間的戰爭，但是其影響卻非常地深遠，不僅造成歐洲地區動盪不安，其負面影響甚至擴及全球範圍。由於台灣所面臨的情況與烏克蘭非常類似，有人甚至稱「今日的烏克蘭，就是明日的台灣」，亦即未來台海兩岸若發生衝突，其所產生的危機可能與俄烏戰爭相似，俄烏戰爭可作爲兩岸的前車之鑑。故本文在討論台灣問題前，先探討俄烏戰爭所造成的各種危機，作爲後續討論台海危機的依據。

本文認爲俄烏戰爭所造成的危機可分爲區域性及全球性的危機，其中區域性的危機爲安全危機與難民危機，而全球性的危機包括民主危機、能源危機與糧食危機。戰爭雖然亦會造成嚴重的人道危機，尤其是被侵略國人民遭到侵略國軍人的燒殺擄掠等戰爭罪行，例如日本帝國在二戰期間對中國人民的屠殺與強暴。此次俄烏戰爭中，俄國軍人亦對烏克蘭人民犯下許多慘無人寰的罪行。但是由於這些行爲並未產生外溢的效果，讓其他國家「有事」，故不在本文討論的範圍。

第一節　區域性的危機

一、區域安全危機

筆者在《俄烏戰爭的剖析（戰前篇）》一書中指出，引起俄國攻打烏克蘭的原因包括歷史的遠因，以及現代的近因，而在近因方面包括烏克蘭欲加入北約與歐盟問題、克里米亞問題、頓涅茨克與盧甘斯克分離主義問題、烏克蘭去俄國化問題、俄國國內壓力問題、普丁的個人企圖等。[1]而其中最主要的問題爲烏克蘭欲加入北大西洋公約組織（North Atlantic Treaty Organization, NATO，以下簡稱北約），因爲烏克蘭若加入以美國爲首的軍事組織北約，將對俄國的安全形成嚴重的威脅，俄國在戰前就多次警告烏克蘭及各國，若烏克蘭加入北約，俄國將不惜一戰。但是由於各國不認爲俄國會爲此一戰，因此烏克蘭與北約國家仍執意推動此事，導致俄國出兵攻打烏克蘭。

北京航空航天大學高等研究院與法學院副教授田飛龍博士在《中國評論》雜誌2022年4月號中發表〈俄烏戰爭的國際法衝突與地緣政治啓示〉乙文就表示，俄烏戰爭本質上是一場「安全戰爭」。因爲俄國認爲烏克蘭若加入北約，會對其安全形成嚴重的威脅。作爲當今世界最重要的三個實力主體，中國、美國、俄國在世界和平與全球安全治理層面有著舉足輕重的影響力，任何一極對現有國際法規範與原則的衝擊，都必然引起全球性的秩序動盪。[2]

烏克蘭在區域安全方面之所以重要，主要是因爲其位處俄國與北約之間的戰略前緣。對於俄國而言，烏克蘭是其保障西部安全的重要戰略屏障。美國著名戰略家布里辛斯基（Zbigniew Brzezinski）就指出，沒有烏克蘭的俄國將無法成爲帝國，因爲失去烏克蘭意味俄國的

1　過子庸、陳文甲，《俄烏戰爭的剖析（戰前篇）》（台北：五南圖書，2022年7月），頁44-71。

2　田飛龍，〈中評智庫：俄烏戰爭安全挑戰與啓示〉，《思考香港》，2022年5月17日，https://www.thinkhk.com/article/2022-05/17/55443.html。

西部將受到西方勢力的威脅；因此俄國極力阻止烏克蘭加入北約。[3]而對於西方國家而言，烏克蘭是它們阻絕俄國威脅的一道重要屏障，一旦烏克蘭被俄國占領，或是成爲俄國的附庸，西方國家的安全將遭到嚴重威脅，因此積極拉攏烏克蘭加入北約。

現在俄國出兵攻打烏克蘭，到底對區域造成了什麼樣的國家安全危機呢？田飛龍表示，俄國攻打烏克蘭打破了二戰之後，尤其是冷戰結束之後的歐洲和平秩序，挑戰了北約的擴張意志，並對以聯合國爲中心的全球治理秩序帶來重大的衝擊。[4]可能有人會認爲，俄烏戰爭所造成的影響是全球性，而非本文所稱的區域性。甚至有人擔心俄烏戰爭可能會掀起第三次世界大戰，但是筆者認爲，由於烏克蘭在美國及西方國家對的協助下，讓俄國的攻勢受到阻礙，將這場戰爭控制在烏克蘭境內，尚未擴及到其他國家與地區，故只能算是區域性的安全危機。

然而由於俄軍戰情不佳，普丁於2022年9月21日宣布進行部分動員，約有30萬後備軍人將被徵召。普丁更放話，若俄國的領土完整受到威脅，他將會動用「一切可使用的手段來保護人民」，「一定要保衛好祖國的領土完整、我們的獨立與自由，我再說一次，我們會動用一切」。他並強調「這絕不是虛張聲勢」。該言論被媒體認爲是普丁

---

3 台海網，〈「獨」「聯」小史：烏克蘭退出獨立國協意味幾何？〉，《每日頭條》，2018年4月15日，https://kknews.cc/zh-tw/world/jbe2xz6.html。

4 田飛龍，〈中評智庫：俄烏戰爭安全挑戰與啓示〉。

升高了動用核武的威脅。[5]有分析人士表示，莫斯科可能會部署戰術核武器，以嚇唬烏克蘭投降或談判，並分化烏國的西方支持者。[6]然而普丁是一位不可預測的危險人物，一旦他下令動用核武，儘管只是戰術性核武，此區域安全危機將會演變成全球性的危機，但是目前爆發此危機的機率尚低。

俄烏戰爭讓歐洲爲之震動，改變了歐洲的區域地緣政治，因爲受到俄國軍事威脅的國家紛紛改變其安全政策。最爲明顯者爲俄國的鄰近國家如瑞典與芬蘭的轉變，該兩國已分別實施二百多年及七十五年的軍事不結盟政策，但在戰爭爆發後迅速改變此政策，它們爲了自身的安全，宣布申請加入北約。瑞典與芬蘭欲加入北約讓俄國非常緊張，俄國外交部警告，一旦它們加入北約，將招致嚴重後果。普丁親信、國家安全委員會副主席麥維德夫（Dmitry Medvedev）也恐嚇，倘若瑞典與芬蘭加入北約，俄國將鞏固波羅的海地區防禦，其中包括部署核武。[7]

一些原本保持中立的國家，亦紛紛放棄其中立的外交政策。例如憲法載明永久中立的奧地利，表態願意加入歐盟快速反應部隊；以中立爲外交基石的愛爾蘭與瑞士，罕見放棄其中立承諾，配合制裁俄

5　黃雅琪，〈普丁一句話被猜動用核武威脅 俄國防部罕曝戰死烏克蘭人數〉，《Yahoo》，2022年9月21日，https://is.gd/DZoW03。

6　德國之聲中文網，〈如果普京在烏克蘭使用核武器，將會發生什麼？〉，《Yahoo》，2022年9月24日，https://is.gd/MzjQOR。

7　張柏源，〈普丁挫敗接二連三！烏俄戰爭成推手 瑞典繼芬蘭後宣布申請加入北約〉，《Yahoo》，2022年5月17日，https://is.gd/1wio71。

國。瑞士總統卡西斯（Ignazio Cassis）表示，將跟進歐盟對俄國實施制裁，包含凍結普丁及其他政府高層的資產。瑞士也將對俄國飛機關閉領空，禁止與普丁關係密切者入境，並向波蘭運送物資協助安置烏克蘭難民等。值得注意的是，瑞士甚至向烏克蘭提供反坦克武器在內的軍武，此舉打破該國自1939年以來，不向任何發生武裝衝突的國家提供武器的傳統。[8]

波蘭國際關係中心秘書長波尼考斯卡（Małgorzata Bonikowska）表示，以往談及全球秩序時，歐洲人總以置身事外的態度處理，「即便有戰爭，也絕不會是在歐洲」，認爲戰爭都發生在太平洋地區、非洲或者中東，歐洲與戰爭根本沾不上邊。華沙大學歐洲中心主任札加柯斯基（Kamil Zajączkowski）則表示，歐盟的想法過於天眞，尤其法德在冷戰後認爲可與俄國進行貿易，盼透過商業交流讓俄國逐步成爲民主國家，但是這場俄烏戰爭喚醒了天眞的歐洲國家。[9]

《全球防衛雜誌》評論稱，普丁與他的小決策圈這次可能嚴重誤算局勢。這場戰爭團結了北約，促進美國及各北約國家向前華約國家如波羅的海三國、波蘭、羅馬尼亞增兵，嚇阻俄國的進一步威脅。另外也強化對俄的核子嚇阻，美國不僅重新讓可攜帶核武的B-52轟炸機返回英國的費爾福德空軍基地（Fairford AFB），也將F-35部署至德

---

8 〈瑞士爲什麼是中立國？俄烏戰爭爲何放棄中立承諾？對俄羅斯做出哪些制裁？〉，《Yahoo》，2022年3月1日，https://is.gd/M7CmQ5。

9 簡嘉宏、吳江美，〈俄烏戰爭是全球秩序轉捩點？至少喚醒了天眞的歐盟〉，《遠見雜誌》，2022年3月17日，https://www.gvm.com.tw/article/88029。

國，甚至前推至愛沙尼亞、立陶宛及羅馬尼亞境內。還重塑了俄國歷史上最可怕的敵人——德國。俄烏衝突再度喚醒因冷戰結束、反恐戰爭而沉睡的地緣政治巨龍；俄國傳統上與西方的緩衝區，可能因爲普丁的盲動及誤算而縮回。[10]

二、難民危機

天災與人禍均會造成難民問題，在天災方面，如旱災會造成糧食歉收，迫使人民逃往他處謀生，因而產生難民的問題。現在因爲「氣候變遷」問題加劇，導致區域環境惡化，許多人擔心曾經肥沃的土地可能在氣候變遷的劇變下成爲荒土，引發大幅度的人民遷移與動亂，因而產生大量的「氣候難民」，故氣候變遷在難民問題上所扮演的角色不容小覷。有人甚至認爲，天災會導致生存環境惡化，造成糧食歉收，最後引發戰爭的爆發，使得人民紛紛逃難。例如哥倫比亞大學教授列維（Marc Levy）就表示，氣候變遷正在加深全球各地的政治不穩定與動亂。部分難民原本居住的地區，因爲氣候變遷而難以生存，全球暖化是近來難民危機的其中一項因素。[11]

在人禍方面，造成難民問題最直接的因素就是戰爭。一旦某一個國家或是區域發生戰爭，必定會產生難民潮的問題。遭受攻擊的國家

---

[10] 全球防衛雜誌，〈俄烏衝突將壯大北約組織？重新洗牌的歐洲地緣政治〉，《鳴人堂》，2022年4月7日，https://opinion.udn.com/opinion/story/120902/6219134。

[11] 林步昇，〈難民潮與政治動亂 恐受氣候影響〉，《Yhoo》，2015年8月26日，https://is.gd/gPbSx6。

人民就會向國外逃難，如潮水一樣的大量難民就造成鄰近國家、區域國家，甚至是全球的嚴重負擔，並影響世界的和平與安寧。例如1955年至1975年間的越戰導致數百萬的越南難民逃往世界各地；1992年至1995年間的波士尼亞戰爭亦是如此，這場戰爭是自二戰結束以來歐洲最慘烈的戰爭，產生高達200多萬名難民，也是歐洲自大戰結束之後最大一波的難民潮。源源不絕的難民人數對於各國而言都是燙手山芋，形成沉重的負擔。

此外，歐洲於2015年出現敘利亞難民潮問題，讓歐洲各國焦頭爛額，造成歐盟國家沉重的負擔，各國相互指責、推卸責任。只有極為少數的富有國家願意接納難民，而大多數國家均視難民為麻煩，盡量阻絕在國門之外。這場難民危機最後甚至導致英國脫歐，威脅歐盟統一，差點使其瓦解。時任斯洛維尼亞總理采拉爾（Miro Cerar）就表示，斯洛維尼亞這個位於阿爾卑斯山的小國已經快要招架不住難民，過去十天有6萬人入境，歐盟卻沒有提供足夠的幫忙；他說：「如果找不到新的解決辦法，在接下來幾天和幾週，我相信歐盟還有整個歐洲會開始瓦解。」[12]

根據聯合國難民署（UNHCR）的統計顯示，自2022年2月24日俄國入侵烏克蘭迄2023年1月14日為止，逃離烏克蘭的難民人數多達1,860萬；這是自從二戰以來，歐洲增長最快速的難民危機。他們大

---

[12] 徽徽，〈難民問題無解 歐盟峰會吵翻天〉，《地球圖輯隊》，2015年10月27日，https://dq.yam.com/post/4891。

多逃到鄰近的東歐與中歐國家，如波蘭、匈牙利、斯洛伐克、摩爾多瓦、羅馬尼亞、捷克、德國等。[13]其中波蘭由於與烏克蘭鄰接，而且兩國之間有長久的歷史淵源，境內本來就有很多烏國人在當地生活、工作，加以在「唇亡齒寒」的危機意識下，早在俄烏戰爭爆發前，波蘭內政部部長卡明斯基（Mariusz Kamiński）就曾表示，若俄烏爆發戰爭，不會拒絕烏克蘭難民進入波蘭。[14]所以，波蘭是接納烏克蘭難民人數最多的國家。

歐洲這次面對烏克蘭難民危機，與過去處理其他國家的難民最大不同之處，就是從「排斥」轉為「接納」的態度，與2015年及2016年面對敘利亞難民危機時做法大相逕庭；當時有100多萬名難民，大多是穆斯林，引發許多歐洲國家的極右派團體反彈，例如波蘭與匈牙利等國就拒絕接收這些難民，而致使歐盟內部關係緊繃，甚至導致英國脫歐。[15]而這次的難民則是來自與歐洲國家相同的基督教信仰與白色人種的烏克蘭人，因此歐洲各國為難民廣開大門。此讓其他族裔難民感受到嚴重的差別待遇，例如敘利亞內戰延燒十一年，造成570萬人流離失所，歐洲國家卻不願意收留，甚至在邊境架起鐵絲網，阻止難

13 〈烏克蘭難民持續增加 難民營資金短缺恐陷危機〉，《自由時報》，2023年2月20日，https://news.ltn.com.tw/news/world/breakingnews/4216431。

14 蔡姍伶，〈巷仔內／烏克蘭危機 歐洲共同習題〉，《Yahoo》，2022年2月15日，https://is.gd/UFqDJ2。

15 〈烏克蘭難民潮將達400萬人 歐洲團結浮現裂痕〉，《中央社》，2022年3月12日，https://www.cna.com.tw/news/aopl/202203123002.aspx。

民入境。[16]

烏克蘭周遭的國家敞開大門迎接烏克蘭難民，不僅一般民眾熱情相助，官方反應也同樣迅速。歐盟甚至提供這些難民臨時居留證，協助他們度過難關。歐盟首次啓用「臨時保護」（Temporary Protection Directive）措施，讓大批瞬間成爲難民的烏克蘭婦女與孩童可在歐盟27國獲得一至三年的臨時居留身分，保障孩童的受教權與成人工作權。歐盟執委會（European Commission）主席馮德萊恩（Ursula von der Leyen）在新聞稿中表示：「所有逃離普丁炸彈的人，歐洲都歡迎他們。」[17]所以這次的難民危機並未擴大，對於歐洲國家的社會與區域安全亦未產生太大的衝擊；雖然如此，這些收容烏克蘭難民的國家也承受很大的財務壓力。

這次歐洲國家在處理烏克蘭難民危機的做法，可作爲世界各國的典範。處理過多次難民危機的美國國際開發署（USAID）署長鮑爾（Samantha Power）稱，這次烏克蘭難民危機，可算是前所未見。因爲歐洲國家做了前所未有的舉措，就是宣布所有逃難者都能在歐洲暫時取得庇護；此表示難民可在當地國工作，孩子可以上學，這是十分重要的一步。鮑爾表示，他從未見當地政府與人民一致敞開大門與心

---

16 余思瑩，〈百萬烏克蘭難民出逃 歐洲相迎挨批「雙重標準」〉，《Yahoo》，2022年3月4日，https://is.gd/8eHllb。

17 蔡黛華、方常均，〈捐款創歷史新高！瑞士社會如何與2.5萬烏克蘭難民磨合？〉，《未來城市》，2022年4月20日，https://futurecity.cw.com.tw/article/2510?rec=i2i&from_id=2417&from_index=3。

胸，歡迎難民。[18]

雖然烏克蘭難民得到各國的接納，但還是對接納國造成困擾。例如難民衝擊瑞士社會既有問題，例如住房過少、中小學師資缺乏、托育政策落後、疫情造成的失業等。而且生活的安置也是另一大重點，根據難民協助組織的資訊，雖然被安置的烏克蘭難民與接待家庭傳出許多和諧共處的佳話，但是也產生許多問題。因爲並非所有接待家庭都能提供難民獨立起居空間，或使用共同語言。由於生活方式不同，不僅主人難受，客人也有寄人籬下的痛苦。問題不勝枚舉，儘管只是小摩擦，但仍使共同生活變得困難，因此許多難民請求搬離接待家庭，想重回政府的難民集中住宅。[19]

而且難民問題還會衍生犯罪問題，在戰爭中最爲弱勢者莫過於老弱婦孺，因爲他們幾乎沒有自衛的能力。尤其是年輕女性，常會成爲人口販子的拐賣對象，或是性犯罪者的「獵豔」對象。人口販子扮「假志工」，專挑年輕正妹下手，讓烏克蘭女性難民淪爲性奴。聯合國官員警告稱，逃離家園的烏克蘭婦女可能成爲綁架或人口販賣的目標。[20]這樣的悲劇在烏克蘭的女性難民中層出不窮，例如一名49歲的波蘭男子趁人之危，竟假借提供棲身之處爲藉口，將一位年僅19歲的

---

18 余思瑩，〈百萬烏克蘭難民出逃歐洲相迎挨批「雙重標準」〉。

19 蔡黛華、方常均，〈捐款創歷史新高！瑞士社會如何與2.5萬烏克蘭難民磨合？〉。

20 陳宛貞，〈烏克蘭難民恐淪性奴！ 人口販子扮「假志工」專挑年輕正妹下手〉，《ETtoday新聞雲》，2022年3月28日，https://www.ettoday.net/news/20220328/2217348.htm。

烏克蘭女子誘拐到家中性侵，隨後被波蘭警方逮捕。[21]

就連英國政府於2022年3月14日推出的提供烏克蘭難民住所計畫「烏克蘭之家」（Homes for Ukraine），也傳出安全疑慮，因爲該計畫疑似被有暴力前科的男性們作爲接近烏克蘭女性的「獵豔」途徑。[22]聯合國秘書長古特瑞斯（António Guterres）在推特發文警告，「對獵食者與人口販子來說，烏克蘭戰爭不是悲劇，而是機會，目標是婦女與兒童。他們迫切需要安全支持。」反人口販賣組織「道路」（La Strada）華沙分部執行長Irena Dawid-Tomczykkids警告稱，這場戰爭正引發對脆弱年輕女性的剝削。[23]這就是戰爭之下女性的悲歌。

第二節　全球性的危機

一、民主危機

俄烏戰爭不僅是俄國與烏克蘭之間的戰爭，更代表著整個民主與專制制度之間的衝突，更是一場世界性的民主危機。美國總統拜登（Joe Biden）就將這場戰爭視爲一場「民主與專制政權之爭」，他於2022年3月1日發表的國情咨文中表示，歷史已經證明「當獨裁者不爲

---

[21] 周子馨，〈髮指！波蘭男子稱提供庇護 竟拐烏克蘭少女返家性侵〉，《TVBS》，2022年3月13日，https://news.tvbs.com.tw/world/1738927。

[22] 陳艾伶，〈英國收容烏克蘭難民，安全疑慮叢生！暴力男性恐藉機「獵豔」弱勢女性〉，《風傳媒》，2022年5月5日，https://www.storm.mg/article/4318361。

[23] 陳宛貞，〈烏克蘭難民恐淪性奴！ 人口販子扮「假志工」專挑年輕正妹下手〉。

其侵略行爲付出代價時，他們就會造成更多的混亂」。拜登堅稱自由世界應該追究普丁的責任。[24]拜登又於同年3月26日在波蘭演說時表示：「這是一場民主對抗獨裁，自由對上壓迫，規則秩序與暴力掌控之間的鬥爭。」[25]

俄國入侵烏克蘭，引起曾經受蘇聯極權統治的東歐與北歐國家擔憂，深怕消失多年的極權幽靈再度復活。東吳大學社會學系助理教授施富盛表示，今日烏克蘭的汽油彈、竄改路標、人民包圍坦克的劇碼，早在1956年10月23日就出現在匈牙利的首都布達佩斯。[26]當時匈牙利計畫退出以蘇聯爲首的「華沙公約組織」、加入聯合國、廢除部分計畫經濟等措施，匈牙利人民聚集舉行反蘇聯，遊行群眾高喊「蘇聯人滾回家」的口號。但是最後群眾遭到蘇聯紅軍的全面鎮壓，蘇聯軍隊的坦克開入布達佩斯，造成許多民眾死亡。[27]1968年8月20日晚上至21日，發生在捷克斯洛伐克的「布拉格之春」，同樣遭到蘇聯軍隊的坦克輾壓，在東歐建立一個自由國家的夢想再度破滅。[28]

---

24 趙春山，〈俄烏戰爭是制度之爭？還是利益衝突？〉，《聯合報》，2022年5月4日，https://udn.com/news/story/6853/6286884。

25 徐勉生，〈俄烏戰 加劇東西文明衝突〉，《聯合報》，2022年4月16日，https://udn.com/news/story/7339/6242898。

26 施富盛，〈近代民主的修羅場：俄烏戰爭給我們的幾堂社會學〉，《關鍵評論》，2022年4月14日，https://www.thenewslens.com/article/165179。

27 Rian Chen，〈10月23日，匈牙利人永難忘記的一天：鐵幕後的起義，1956年匈牙利革命〉，《換日線》，2018年10月22日，https://crossing.cw.com.tw/article/10822。

28 Frank Hofmann，〈歷史回眸：布拉格之春始末〉，《Yahoo》，2018年8月20日，https://is.gd/NKkTsF。

因此，烏克蘭受到許多民主國家的支持，尤其是東歐與波羅的海國家的強力支持；俄國則受到國際的嚴厲制裁與譴責，眾多民主國家相繼宣布凍結俄國寡頭的資產、將俄國主要銀行逐出「環球銀行金融電信協會」（Society for Worldwide Interbank Financial Telecommunication, SWIFT）國際結算系統。美國與英國禁止進口俄國石油，歐盟也宣布欲擺脫對俄國原油的依賴。德國一改二戰後不向衝突國家提供武器的態度，向烏克蘭提供軍事支援，並中止「北溪2號」（Nord Stream 2）天然氣管道計畫。[29]政治分析家、網路雜誌《謎語俄羅斯》（*Riddle Russia*）編輯部主任巴爾巴辛（Anton Barbashin）表示，俄國雖然預料西方國家會實施制裁，但普丁誤判了德國的反應。[30]

西方民主國家知道，一旦烏克蘭陷落，下一個受害者就會是自己，且若俄國獲得最後勝利，將會引起另一專制大國中國的仿效，更加大膽地對台灣動武，屆時全世界又將回復到冷戰時期的專制與自由兩大陣營相互對抗，世界將永無寧日，所以俄烏戰爭是一場全球性的民主危機。反之，若烏克蘭在西方民主國家的協助下戰勝俄國，除了可以遏制俄國專制政權的擴張外，並可嚇阻中國對台灣動武的企圖，進而保障全世界民主國家的安全。

---

29 「北溪2號」天然氣運輸管是由俄國經波羅的海海底通往德國的新天然氣管，此管線對德國的經濟非常重要，若管線被關閉，德國將發生能源短缺問題。該管線於2022年9月26日發生爆炸，迄今尚爲查出幕後主使者是誰。

30 張玉潔，〈俄烏戰火下 西方高度團結 中共惶惶不安〉，《大紀元》，2022年3月10日，https://www.epochtimes.com/b5/22/3/10/n13634972.htm。

二、能源危機

俄國幅員遼闊，擁有豐富的天然資源，是世界上最主要的能源供應國之一，其石油及天然氣產量均排名世界第二位，同時是第二大石油出口國、第一大天然氣出口國，石油及天然氣出口量在全球出口貿易中的占比達到25%左右。根據統計，2020年俄國原油出口量達到每日520.7萬桶，約占全球原油出口貿易總量的四分之一，成品油出口量達到每日222.6萬桶，約占全球成品油出口貿易總量的十分之一。[31]因此，俄國的石油及天然氣出口足以影響國際能源的波動。此次俄烏之戰就影響俄國石油與天然氣的出口，並導致全球能源價格上漲。

西方國家對俄國祭出大量制裁措施，除了歐美聯合將七家俄國銀行踢出SWIFT交易系統，讓俄國的國際貿易及結算難度大幅增加外；美國瞄準俄國的經濟命脈，拜登總統於2022年3月8日宣布，禁止從俄國進口石油、天然氣與煤炭，對俄國再一次強有力地打擊；他也警告油價可能再攀高，但「捍衛自由有其代價」。英國也跟進宣布將逐步停止進口俄國石油與石油產品。[32]我國也加入美國制裁俄國的行列，宣布停止進口俄國天然氣。

其他歐洲國家由於非常依賴俄國的石油及天然氣，且歐洲是俄國能源出口的主要目的地，俄國出口到歐洲的石油與天然氣在俄國總

---

31 〈深度解析俄羅斯能源地位及制裁的影響〉，《新浪網》，2022年3月3日，https://money.udn.com/money/story/120538/6462185?from=edn_next_story。

32 江今葉，〈擴大制裁俄羅斯 英美同時宣布禁止進口俄國石油〉，《中央社》，2022年3月9日，https://www.cna.com.tw/news/aopl/202203090003.aspx。

出口的占比分別達到50%與78%，故無法立即斷絕此來源。歐盟成員國在經過多次協商後，決議採取逐步實施石油禁運，並於2022年底前全面禁止進口所有俄國石油產品。歐盟執委會主席馮德萊恩表示，歐盟成員國將結束對俄國石油的依賴，此事雖然不易，但這是必須做的事。歐盟將以有序的方式逐步停止俄國石油進口，讓成員國確保找到替代供應來源，以盡量減少對全球市場的影響。[33]另外， 德國不得不宣布暫停「北溪2號」天然氣運輸管計畫。

西方國家雖然對俄國實施嚴厲的經濟制裁與能源禁運，但是能源卻成爲俄國反制西方國家的利器。俄國爲報復及規避西方國家對其所實施的制裁，升高反制動作，於3月23日宣布「不友善國家」自4月1日起，欲購買俄國的天然氣時必須以盧布支付。此消息一出激勵盧布大漲，歐洲天然氣價格飆高。由於波蘭、保加利亞、芬蘭、荷蘭、丹麥等國拒絕以盧布支付，先後被俄國切斷天然氣供應。俄國使用「減氣」與「斷氣」手段，就讓歐洲國家的能源價格大幅上漲，連帶使工業成本上升，嚴重影響人民的生計。

由於俄國石油及天然氣受到國際制裁，以及俄國運用這兩種天然資源作爲反制裁武器，致使國際能源價格飆漲，連帶引發各國電價大幅上漲，包括台灣在內均產生通膨壓力，並遭受物價上漲之苦。例如美國的消費者物價指數（CPI）連創新高，於7月13日公布6月CPI大

---

33 〈歐盟宣佈新一輪對俄製裁措施，將逐步實施石油禁運〉，《BBC中文網》，2022年5月4日，https://www.bbc.com/zhongwen/trad/world-61318127。

增9.1%，創下自1981年12月以來新高，迫使聯準會決定繼續升息，以控制通膨壓力。[34]爲了避免美國國內高油價，影響民主黨在2022年11月的國會期中選舉，總統拜登不得不於7月15日親自前往沙烏地阿拉伯訪問，展開上任以來首次中東行，希望說服沙國增產石油。拜登也要求沙國增加對歐洲的供油量，以取代俄國的石油，削減俄國售油的收入。

但是拜登在訪問沙國期間與王儲穆罕默德．沙爾曼（Mohammed bin Salman）見面，兩人熱烈的「碰拳取代握手」打招呼方式引來批評。因爲《華盛頓郵報》記者、沙國政治異議人士哈紹吉（Jamal Khashoggi）於2018年遭謀殺，之後美國與沙烏地的關係陷入緊張，美國情報單位相信沙爾曼是哈紹吉遇害一事的幕後主使，拜登當時曾痛斥沙國是「賤民」（Pariah）國家。《華盛頓郵報》總裁發出聲明表示，拜登出訪沙國等於讓王儲獲得贖罪，做法相當可恥。哈紹吉的未婚妻簡吉茲（Hatice Cengiz）也公開批評拜登訪問沙國。[35]

另外根據《中央社》報導，爲了協助歐洲國家擺脫對俄國能源的依賴，非洲能源大國阿爾及利亞、奈及利亞、尼日於2022年7月28日簽署一項大型天然氣管線計畫的合作備忘錄，提供歐洲亟需的天然氣，以擺脫對俄國天然氣的依賴。《法新社》報導，跨撒哈拉

---

[34] 許昌平、洪凱音，〈美6月CPI狂增9.1% 創逾40年新高〉，《Yahoo》，2022年7月14日，https://is.gd/8CF5lM。

[35] 張方瑀，〈拜登對沙烏地王儲「1動作」挨轟！華郵痛批可恥：比握手還糟〉，《ETtoday新聞雲》，2022年7月16日，https://www.ettoday.net/news/20220716/2295540.htm。

天然氣管線（Trans-Saharan Gas Pipeline）計畫將輸送數十億立方公尺的天然氣，先從西非的奈及利亞運出，向北行經尼日，再到阿爾及利亞，管線全長約4,128公里。然後，可以透過「跨地中海管道」（Transmed）運送至義大利，或是透過油輪出口。[36]德國為了緩解能源危機的壓力，將原定於2022年底關閉的最後三座核電廠延役，繼續運作到2023年，以便在俄國限制天然氣供應後因應2022年冬季可能出現的能源短缺困境；這也是首度扭轉2000年所制定的逐步淘汰核能的政策。[37]

遠離戰場的台灣，在能源方面亦深深受到這場戰爭的影響，因為俄國是我國燃料供應大國。經濟部統計數據顯示，以燃煤量而言，俄國供貨量僅次於澳洲與印尼，居我國進口之第三大國，供貨量比率14.5%。在天然氣方面，俄國為台灣的第三大供應國，供貨占比10%，僅次於澳洲與卡達。[38]由於我國跟隨美國一同制裁俄國，故也遭到俄國反制裁，而導致能源進口成本上漲，台電嚴重虧損。我政府不得不宣布於2022年7月1日起大幅調漲電費，電價平均漲幅為8.4%，產業用電大戶漲幅甚至高達15%。

---

36 〈西北非三能源國商討天然氣管線輸歐 助擺脫對俄依賴〉，《中央社》，2022年7月29日，https://www.cna.com.tw/news/aopl/202207290220.aspx。

37 葉亭均，〈政策轉彎 德核電廠擬延後除役〉，《經濟日報》，2022年8月18日，https://money.udn.com/money/story/122229/6545053。

38 王郁倫，〈圖解經濟／俄羅斯是台灣第三大能源供應國！一次看懂台俄關係〉，《經濟日報》，2022年3月10日，https://money.udn.com/money/story/122698/6151491。

三、糧食危機

「陳李農改研究團隊」執行長李武忠表示：「俄烏戰爭打亂全球糧食供應，推高糧食價格，引爆國際糧食危機，導致全球飢餓人口暴增，也成為美中兩大強權對抗的新爭端。」[39]這場俄烏戰爭之所以會造成全球性的糧食危機，是因為俄國與烏克蘭都是世界主要穀物生產與出口大國。俄國幅員遼闊，擁有全世界第四大的耕地面積，是世界第一大的小麥出口國、第五大玉米出口國；而烏克蘭土地肥沃，擁有占全世界四分之一的黑土地，一向有「歐洲糧倉」的美譽。根據世界銀行（World Bank）的數據顯示，兩國合計約占全球小麥出口的29%。而且俄烏兩國還是許多重要穀物與植物油的前五大生產國，包括燕麥、葵花籽油與玉米等。

此外，俄國是全球最大的肥料出口國，約占全球供應量的15%。由於俄國的糧食與肥料出口受到西方國家的制裁，而烏克蘭的南部港口遭到俄國軍隊的封鎖，糧食無法順利出口，加以受到戰爭的影響，其農民無法種植或收割，導致俄烏兩國糧食的產量與出口雙雙下滑，並帶動這些農產品在國際市場的價格飆漲。根據聯合國糧農組織（Food and Agriculture Organization, FAO）於2022年4月8日公布的追蹤全球交易最熱絡糧食大宗商品國際價格的「FAO糧食價格指數」（FAO Food Price Index, FFPI）顯示，3月平均指數為159.3點，較2月

---

[39] 李武忠，〈糧食為續命良器非爭鬥武器〉，《工商時報》，2022年8月15日，https://view.ctee.com.tw/economic/43373.html。

上升17.9點（12.6%），創下該指數自1990年設立以來的歷史新高。[40]

美國智庫「彼得森國際經濟研究所」（Peterson Institute for International Economics, PIIE）於2022年4月發表的報告中指出：「2021年新冠疫情導致供應鏈大亂，加上乾旱氣候影響產量，糧食價格居高不下，全球糧食市場處於黑暗期，不料此時又遇到俄國入侵烏克蘭。」美國經濟學家、諾貝爾經濟學獎得主克魯曼在《紐約時報》發表社論指出，俄國侵略烏克蘭，導致油價大漲，但是全球糧食供應卻存在更巨大的危機。[41]各國爲了確保自身的糧食供應安全，全球至少有14國下令限制小麥、葵花籽、棕櫚油與各式穀物的出口（參見表2-1），此趨勢更加劇糧食通膨危機。糧食嚴重短缺，致使全球價格飆漲，造成數以億計人面臨飢餓風險。[42]

台灣的能源供應不但受到俄烏戰爭的影響，糧食亦受到波及。前環保署副署長詹順貴表示，我國行政院主計總處於2022年2月俄國侵略烏克蘭之前，還樂觀地將2022年經濟成長從4.15%上調至4.42%，後來於5月27日下修到3.91%，可見台灣也無法倖免於置身此風暴之中。台灣由於經濟實力佳，雖然沒有受到糧食不安全、飼料供應不足

---

40 陳達誠，〈聯合國：3月FAO糧食價格指數飆至歷史新高〉，《鉅亨網》，2022年4月8日，https://news.cnyes.com/news/id/4849345。

41 邱立玲，〈歐洲糧倉遭砲轟 諾貝爾經濟學家克魯曼點出「小麥漲幅大於油價」背後的糧食危機〉，《信傳媒》，2022年5月3日，https://www.cmmedia.com.tw/home/articles/33601。

42 鄭勝得，〈俄烏戰事效應 14國限制糧食出口〉，《工商時報》，2022年5月19日，https://ctee.com.tw/news/global/645515.html。

表2-1　限制農產品出口的14國

國家	食品種類	禁令截止日
阿根廷	大豆油、豆粕	2023/12/31
阿爾及利亞	義大利麵、小麥衍生物、植物油、糖	2022/12/31
埃及	植物油、玉米	2022/6/12
	小麥、麵粉、油、扁豆、義大利麵、豆類	2022/6/10
印度	小麥	2022/12/31
印尼	棕櫚油、棕櫚仁油	2022/12/31
伊朗	馬鈴薯、茄子、番茄、洋蔥	2022/12/31
哈薩克	小麥、小麥粉	2022/6/15
科索沃	小麥、玉米、麵粉、植物油、鹽、糖	2022/12/31
土耳其	牛肉、羊肉、山羊肉、奶油、食用油	2022/12/31
烏克蘭	小麥、燕麥、小米、糖	2022/12/31
俄羅斯	糖、葵花籽	2022/8/31
	小麥、雜麥、黑麥、大麥、玉米	2022/6/30
塞爾維亞	小麥、玉米、麵粉、油	2022/12/31
突尼西亞	水果、蔬菜	2022/12/31
科威特	雞肉製品、穀物、植物油	2022/12/31

資料來源：鄭勝得，〈俄烏戰事效應14國限制糧食出口〉。

之苦，但糧食、飼料與化肥的價格上漲，仍然讓已飽受疫情帶來經濟不振之苦的中底層人民生活上更加窘迫。[43]相信大家現在都與全球民

43 詹順貴，〈俄烏戰爭引發糧食與能源「完美風暴」，高度仰賴進口的台灣如何讓人民安渡劫難？〉，《關鍵評論》，2022年6月12日，https://www.thenewslens.com/article/167675。

眾一樣深深地感受到物價上漲所造成的生活壓力。

歐盟執委會主席馮德萊恩表示，俄國正在轟炸烏克蘭的糧倉，攔下滿載小麥與葵花籽的烏克蘭船隻，並囤積其自身用於出口的糧食，這是在敲詐勒索，她指責俄國利用飢餓與糧食來施加影響力。挪威化學巨擘「雅苒國際公司」（Yara International ASA）首席執行長霍爾塞瑟（Svein Tore Holsether）稱，糧食已經變成是一種戰爭武器。[44]俄烏戰爭讓全球糧食供應拉警報，農業分析機構「Gro Intelligence」的首席執行官門克（Sara Menker）於2022年5月19日告訴聯合國安理會，全球只剩下大約十週的小麥供應儲備，糧食危機拉警報。[45]

受到糧食危機影響，全球各國都感受到糧食價格上漲的壓力，但是受影響最爲嚴重的莫過於貧窮的國家，例如遠離戰場的非洲國家正遭受嚴重的缺糧危機。網路媒體《風傳媒》稱，俄烏戰爭最大的輸家不是普丁，而是買不起糧食的窮國。[46]烏克蘭總統澤倫斯基（Volodymyr Zelensky）於2022年6月20日向非洲區域組織「非洲聯盟」（African Union, AU）發表演說時表示：全球小麥、食用油及化肥短缺所導致的糧價飆漲，都應歸咎於俄國發動的無端戰爭，而非西

---

[44] 金牛幫幫忙，〈經濟熱議》糧食已變成「戰爭武器」！烏俄戰爭最大的輸家，不是普京；而是，買不起糧食的窮國〉，《風傳媒》，2022年5月27日，https://www.storm.mg/article/4352900。

[45] 林欣，〈俄烏戰爭全球受害！糧食危機拉警報 全世界小麥儲備僅剩「10週」〉，《新頭殼》，2022年5月27日，https://newtalk.tw/news/view/2022-05-25/760500。

[46] 金牛幫幫忙，〈經濟熱議》糧食已變成「戰爭武器」！烏俄戰爭最大的輸家，不是普京；而是，買不起糧食的窮國〉。

方國家的制裁措施，而「非洲已經淪爲俄烏戰爭的人質」。[47]

爲了解決缺糧危機，在聯合國與土耳其推動下，俄烏代表團於2022年7月13日在伊斯坦堡展開談判。烏克蘭總統辦公室主任葉爾馬克（Andriy Yermak）會後表示，烏克蘭、俄國、土耳其與聯合國均同意成立由聯合國主導的聯合協調中心，以確保烏克蘭通過黑海的穀糧得到保障，該中心將設於伊斯坦堡，執行對黑海航行安全的監控與協調任務。[48]在這次協商後，一艘載有烏克蘭穀物的船隻終於在同年8月1日，從烏克蘭南部奧德薩港（Odessa）駛出，這是俄國侵略烏克蘭以來首見烏國穀物順利出口。[49]

四、供應鏈危機

俄烏兩國不但是能源及糧食的生產大國，亦是許多重要礦產與工業氣體的生產大國，因此俄烏戰爭讓重要礦產與工業氣體價格飆漲，全球的供應鏈產生斷鏈的危機。根據財團法人中技社「能源暨產業研究中心」組長芮嘉瑋表示，俄國在鋁、鈀、鎳、鉑金、銅、鈷、海綿鈦、黃金與鋼鐵等金屬，都是世界上主要生產國。俄國是僅次於中國的鋁生產大國，其最大鋁生產商「俄國鋁業聯合公司」（United

---

47 陳艾伶，〈全球糧食危機重創非洲民生！哲連斯基：非洲已淪爲俄烏戰爭人質〉，《風傳媒》，2022年6月21日，https://www.storm.mg/article/4389666。

48 〈全球糧食危機有解！烏俄多邊協商 同意設出口協調中心〉，《自由時報》，2022年7月4日，https://news.ltn.com.tw/news/world/breakingnews/3992518。

49 吳慧珍，〈烏國穀物終於出港 全球通膨壓力鬆口氣〉，《工商時報》，2022年8月2日，https://ctee.com.tw/news/global/689496.html。

Company RUSAL Plc, RUSAL）於2021年生產380萬噸鋁，估計約占世界產量的6%，是中國以外世界上最大的鋁生產商，歐洲、亞洲與北美是俄國鋁產品的主要買主。[50]

另外，俄國是世界上最大的鎳開採與生產量國家。鎳是「不鏽鋼」的重要原料，許多工業產品都缺少不了鎳，在生活中的應用處處可見。全球不鏽鋼的產量於2021年高達5,600萬噸，可見鎳在全球市場上的重要性。[51]因俄烏衝突引發鎳原料供應疑慮，鎳價於2022年3月8日上演暴走的大戲；倫敦金屬交易所（LME）鎳價漲幅擴大至98.8%，突破10萬美元，兩個交易日累計大漲177%，創下紀錄新高，媒體將此價格暴漲事件戲稱爲「妖鎳之亂」。[52]

而烏克蘭是工業氣體氖氣（Neon Gas）的重要生產國，氖氣是俄國鋼鐵業生產過程中的副產品，俄烏戰事未起時，氖氣被送到烏克蘭來進行純化，此氣體是半導體製程不可或缺的工業用氣體。[53]《卓越雜誌》副社長陳威霖表示，俄烏衝突導致氖、氪、氙等特種氣體與鈀供應臨時中斷，並推升全球氖氣、鈀金價格大幅上漲，讓歷經一年多的全球晶片荒雪上加霜。根據穆迪公司報告，半導體生產製程

---

50 芮嘉瑋，〈斷鏈疑慮浮升 俄烏戰火引爆產業供應瓶頸〉，《聯合報》，2022年6月9日，https://udn.com/news/story/6903/6375557。

51 C球，〈俄烏戰爭引起的「妖鎳之亂」 鎳金屬在生活中的重要性〉，《科學月刊》，2022年5月1日，https://www.scimonth.com.tw/archives/5691。

52 黃雅慧，〈「妖鎳」一詞從它來的！揭開「青山控股」面紗〉，《經濟日報》，2022年3月10日，https://money.udn.com/money/story/5603/6153882。

53 黃淑玲，〈斷氣危機！這工業氣體烏克蘭市占50% 晶片製程必需〉，《經濟日報》，2022年3月4日，https://money.udn.com/money/story/5599/6140102。

必要的惰性氣體，俄烏的氖產量占全球70%，其中烏克蘭供應全球所需50%。未來四年，全世界半導體行業正大規模擴建生產基地，增加三分之一產能。俄烏戰爭使惰性氣體供應減少，影響半導體產業的發展。[54]

除了俄國的礦產與烏克蘭的工業氣體供應受到影響外，許多國家的汽車產業亦受到嚴重波及。陳威霖表示，知名品牌汽車企業紛紛關閉其在俄國與烏克蘭的零件製造工廠，僅烏克蘭就有38家工廠被關閉，產品涉及電線電纜、電子產品等，使汽車產業供應鏈受到干擾。德國大眾集團宣布，因爲汽車線圈供應短缺，位於萊比錫的該集團保時捷廠暫時停產，位於沃爾夫岡的總工廠也將跟隨停產；法國雷諾宣布部分產線停產，因爲集團8%的利潤來自俄國。歐盟汽車業成爲俄烏開戰以來受害最大的企業群體，立即面臨的供應鏈問題也是汽車巨頭們一時難以克服的頭疼問題。[55]

由上述分析可知，這場戰爭擾亂全球供應鏈，不但讓重要礦產與工業氣體的供應受到影響外，還有因爲許多貨物運輸必須改道，以避免受到戰爭的波及。自開戰來有幾艘船遭開火或扣留，各國也對俄國貿易進行制裁，包括英國禁止所有俄國船隻進入港口，比利時、荷蘭與德國的航運業及港口也攔截並檢查前往俄國的貨船。全球最大的航運公司馬士基（Maersk）、日本海洋網聯船務公司（ONE）、地中

---

54 陳威霖，〈俄烏戰爭對逆全球化產業供應鏈佈局的影響〉，《聯合報》，2022年5月4日，https://udn.com/news/story/6853/6286913。

55 同前註。

海航運公司（MSC）與德國的赫伯羅德（Hapag Lloyd）都宣布暫停往返俄國與烏克蘭的貨運，此影響至少47%全球貨櫃航運。[56]這些措施造成運輸成本大幅增加，推高全球貨物價格。

56 黃嬿，〈戰事盤據中歐貿易路線，海運運價恐再飆三倍〉，《科技新報》，2022年3月4日，https://technews.tw/2022/03/04/war-push-freight-rate-higher/。

第三章

台海戰爭可能產生的危機

根據俄烏戰爭的前車之鑑，我們可以預測若台海發生衝突，亦會產生與俄烏戰爭所造成的相同危機。另外，台海衝突雖然不會產生俄烏戰爭所造成的能源與糧食危機，但是由於台灣有俄國與烏克蘭兩國所沒有的優勢，故可能產生不同的危機，這些危機的衝擊並不會亞於俄烏戰爭所造成的危機，甚至會更爲嚴重。

第一節　區域性的難民危機

戰爭對周遭國家所造成的立即危機，莫過於難民危機。因爲戰爭對人類帶來極大的浩劫與死傷，也造成無數人顚沛流離。[1]俄烏戰爭就是最鮮明的案例，讓久未經歷戰爭的國人眞切地看到了難民的悲慘遭遇。故可以預期若兩岸爆發戰爭，很多台灣人也一定會向海外逃難，此勢必將產生巨大難民的問題，屆時將影響亞洲地區的安全。其實對於國人而言，逃難並非是非常遙遠或是虛幻的事情。因爲國民政府在國共內戰失利後，於1949年撤退到台灣，當時就有大批人員隨著政府「播遷」（其實就是逃難）到台灣，共計有約120萬左右的大陸居民成爲島上的「外省人」。[2]

這是讓台灣人感受最深的難民潮，想必這批還在世的年長者回憶

---

1 林桶法，〈戰後初期到1950年代 臺灣人口移出與移入〉，《聯合報》，2022年8月4日，https://wwwacc.ntl.edu.tw/public/Attachment/811615572091.pdf，頁4。

2 苒苒、派特森，〈台灣「外省人」的身世與「國家」認同〉，《BBC中文》，2019年10月3日，https://www.bbc.com/zhongwen/trad/chinese-news-49446125。

當時逃難的悲慘經歷時，應該還會心有餘悸。另外，對於中年人而言，對於台海於1995年爆發台海危機時的移民潮，應該仍記憶猶新。當時筆者某日一大早去桃園國際機場接機，看到機場景象簡直是人山人海，多是準備離台的國人。他們並不是要出國旅遊，而是準備逃難。台灣房屋集團資深經理陳定中在接受《三立新聞網》訪問指出，上次台海危機於1995年爆發，當時台股重創，自7,000餘點重跌至4,500多點，同時出現大量移民潮，店面、住家也因此出現拋售潮。[3]

另外，於2022年8月2日至3日，因爲美國聯邦眾議院議長裴洛西（Nancy Pelosi）率團訪問台灣，引起中國當局的不滿，下令解放軍東部軍區於8月4日至10日期間，對台灣發動史無前例的「圍台軍演」，其火箭軍甚至向台灣北部、南部及東部周邊海域，發射11枚東風系列近程彈道飛彈，兩岸關係頓時陷入極度緊張，此次事件被稱爲台海第四次危機。根據《商業周刊》報導，當時各大會計事務所就接到許多高資產人士的詢問，如何恢復廢止已久的美國籍身分。有錢人寧可被美國政府追稅，也不願意躲防空洞。[4]

但是相較於前幾次的逃難與移民潮，大部分國人面對這次危機的反應較爲淡定。陳定中經理表示，此次情況與當時稍有不同，股市雖然依舊震盪，但起伏較前次和緩，房市也屬常態，未見明顯急售賣

---

3 〈台海危機恐爆逃難潮？網紅486先生：有便宜房子可以買了〉，《三立新聞》，2022年8月5日，https://www.setn.com/News.aspx?NewsID=1157137。

4 韓化宇、何佩珊、章凱閎，〈2027台海終須一戰》中共圍台後，5年內勢必攤牌！〉，《商業周刊》，第1813期，2022年8月15日，頁75。

壓，或許是已有前次經驗，或許是台灣人已習慣此情況，因此國人對這次共軍演習的看法相對平靜，甚至有民眾想要趁勢逢低買進。[5]外媒發現台灣人一點也不驚慌，對於軍演或兩岸緊張局勢「相當淡定」，堪稱另類的「台灣奇蹟」。[6]

雖然逃難是我們最不願看到的情況，也是國人最忌諱談論的問題，但是一切都必須要「做最壞的打算，但做最好的準備」，因爲我們的鄰居從未放棄過以武力統一台灣的企圖。雖然我們常強調大家要「同島一命」，但是諺語有云：「夫妻本是同林鳥，大限來時各自飛。」親密如夫妻遇到危險時，還是會各奔前程，自求多福。故台海一旦發生戰爭，一定會有人往外逃，這是人之常情的事，烏克蘭就是明顯的例子。

對於有錢人而言，逃走不是大問題，因爲他們有資源可以從容搭機離開。根據烏克蘭媒體《眞理報》報導，戰爭爆發前夕，烏克蘭前100大富豪就先逃離國家，僅存四人還留在烏克蘭境內，原因是涉嫌貪腐，被法院扣留護照無法出境。當時有超過20架次的包機出境，爲近六年來單日最多，大多載著富豪、議員等飛離開烏克蘭，連前副總理科列斯尼科夫（Boris Kolesnikov）也跑掉了。總統澤倫斯基發表談話時對此十分憤怒，限這些人二十四小時內回國，否則將承擔嚴重後

---

5 〈台海危機恐爆逃難潮？網紅486先生：有便宜房子可以買了〉，《三立新聞》。

6 林湘芸，〈中國軍演台灣人「超淡定」 外媒記者驚訝〉，《台視新聞網》，https://news.ttv.com.tw/news/11108080027000N/amp。

果。不少逃跑的富豪、議員不得不搭機回烏克蘭，但也有部分人堅持不回國。[7]

但是對於大多數的平民百姓就沒有如此幸運，大量無法搭乘交通工具的烏克蘭人民，只能扶老攜幼以徒步的方式，千辛萬苦、長途跋涉逃離家園。另外，發生於2021年8月16日，阿富汗首都喀布爾機場湧現大批群眾，不顧自身性命攀爬上正在移動的美國軍機，只爲了逃離塔利班（Taliban）的掌控。外國記者古普塔（Kanika Gupta）所捕捉到的畫面，在逃難人潮散去後，機場留下大批群眾的拖鞋（參見圖3-1）。這令人感到心碎的一幕，讓她忍不住直說，這是一場被世界

圖3-1　阿富汗逃難潮過後的機場景象

資料來源：詹雅婷，〈阿富汗逃難潮過後 機場一地「殘破拖鞋」！她心碎：被世界拋棄〉。

[7] 蔡宗倫，〈烏克蘭100大富豪逃到剩4個 跑不了原因曝光〉，《中時新聞網》，2022年2月23日，https://www.chinatimes.com/realtimenews/20220223005157-260410?chdtv。

拋棄後的悲劇。[8]

源源不絕的難民會讓各國產生「難民恐懼」的問題。因此大部分的國家都不願意接收難民，盡量阻絕在國門之外，導致難民流離失所，甚至喪命。例如一向強調人權至上以及重視人道的歐洲國家，於2015年及2016年面對敘利亞難民時，大部分國家就拒絕接收難民，讓許多搭船逃難的難民葬生海中。雖然俗話說：「人命關天」，但是在戰爭時，人命是最不值錢的。而西方國家在俄烏戰爭中之所以願意大方接納烏克蘭難民，最主要的因素之一就是因爲他們都信仰相同的宗教基督教，彼此具有相同的情感，容易相互接受。

一旦台海爆發戰爭，對於經濟較佳或是擁有雙重國籍的國人而言，可立即搭機前往其他國家。但是對於一般百姓，就沒有如此幸運。若台灣出現大規模的難民潮，必定會對區域的安全造成威脅，因爲大量的難民會造成接納國的經濟負擔，甚至影響其社會或政治安全。例如於2015年，歐洲國家因爲接收敘利亞難民問題，歧見重重，並進一步激化歐洲的政治危機。接納國不但經濟負擔沉重，而且僅有少數的難民能夠融入收容國家。而多數難民流浪在國界之中，缺乏固定住所與穩定生活，成爲國際重大問題。[9]

---

8 詹雅婷，〈阿富汗逃難潮過後 機場一地「殘破拖鞋」！她心碎：被世界拋棄〉，《ETtoday新聞雲》，2021年8月17日，https://www.ettoday.net/news/20210817/2058087.htm。

9 李妤，〈【寰宇韜略】難民問題嚴重 全球應尋長久解方（下）〉，《青年日報》，2021年10月6日，https://www.ydn.com.tw/news/newsInsidePage?chapterID=1450481&type=forum。

或許有讀者會批評筆者，戰爭還沒有開打就討論逃難問題，簡直是在「長他人志氣，滅自己威風」。但是任何一場戰爭，都會產生難民的問題，除非全體國民都有堅強的意志，要戰到最後一兵一卒，「寧爲玉碎，不爲瓦全」。否則我們就必須對於戰爭所可能產生的難民問題事先做好準備。爲老弱婦儒事先安排撤離戰場事宜，並非消極的失敗主義，而是基於人道立場，保護人民的生命與財產安全，所以不應該忌諱談論此話題。

根據日媒《共同社》報導，日本外相林芳正於2021年11月25日受訪時表示，一旦台灣出現任何突發事態，日方將採取萬全措施，其中包括撤離在台日本公民。[10]《自由時報》報導，中國於2022年8月4日發動封鎖台灣的實彈演習，讓日本更感受到「台灣有事，即日本有事」的迫切性，尤其是撤僑問題近來成爲熱門話題。沖繩縣石垣市市長中山義隆在受訪時表示，台灣距離與那國島僅約100公里、距離石垣島約200公里，一旦台灣有事，台灣居民可能搭乘漁船到石垣島避難，甚至透過當地民航機進入日本本土。他認爲，這不是石垣島本身的問題，也涉及日本整體的安全保障。[11]

另外，《共同社》於2022年9月1日報導，日本國會跨黨派友台議

---

[10] 張國威、楊孟立，〈日本外相：台灣若突發事態 做好撤僑準備 將撤先島群島居民與台灣日僑到沖繩、九州 人數上看10萬〉，《中國時報》，2021年11月27日，https://www.chinatimes.com/newspapers/20211127000336-260118?chdtv。

[11] 林翠儀，〈日本熱議／台灣有事撤僑問題 可成台日安保對話切入點〉，《自由時報》，2022年8月22日，https://news.ltn.com.tw/news/politics/paper/1535923。

員團體「日華議員懇談會」會長古屋圭司眾議員，偕「日華議員懇談會」事務局局長木原稔眾議員於8月22日訪台時，就與我政府提及制定撤離日本公民的計畫，以應對中國可能的軍事入侵。[12]由此可見日本政府未雨綢繆的態度，而國人亦不會認為日本人在觸台灣人的霉頭。審視我們周遭的國家中，以日本的經濟情況最佳，且與我國關係良好。故在台海戰爭爆發時，日本應該是最有意願與能力能接納台灣人的國家。一向排外的日本就積極接納烏克蘭難民，[13]因此我政府在與日本談論撤僑問題時，也應該與日本政府協商戰時接納我國人民的問題。

第二節　全球性的危機

一、安全危機

台灣與烏克蘭一樣，位處在重要的地緣戰略位置，尤其是位居第一島鏈中間的特殊戰略位置，可遏制中共共產政權向亞洲地區擴張，這是台灣在東亞區域安全方面最重要的價值所在。美國海軍學院東亞及軍事史教授余茂春（Miles Yu）表示，在冷戰時期，亞洲的代理人戰爭（Proxy Wars）中，台灣位居最前線。美國前總統艾森豪

---

12 李俊毅，〈憂台海開戰！日媒：日台閉門協商「撤僑計畫」討論2萬日人返國〉，《Yahoo》，2022年9月3日，https://is.gd/wID8Ti。

13 中央社，〈排外的日本積極接納烏克蘭難民，台灣也可以打造讓難民「工作與托育」的環境嗎？〉，《公民報橋》，2022年4月21日，https://buzzorange.com/citiorange/2022/04/21/ukraine-refugees-in-japan/。

（Dwight D. Eisenhower）認爲台灣的命運與美國大戰略息息相關，有如骨牌效應理論，他於1960年6月18日訪問台灣，就是爲了展現美國捍衛台灣的決心。[14]

「美國在台協會」（AIT）台北辦事處前任處長司徒文（William A. Stanton）於2013年10月11日在台北以〈台灣戰略地位的重要性〉（The Strategic Significance of Taiwan）爲題發表演說表示，從地緣戰略 （Geo-strategy）的視角觀之，台灣位在第一島鏈中間的特殊戰略位置，因此被稱爲「不沉的航空母艦」或是「潛艦的補給站」。美國擔心台灣若落入敵對勢力的控制，台灣便成爲影響西太平洋航海運輸線（Sea Lines of Communication, SLOC）的軍事基地。而中國擔心台灣在敵對勢力的支持下，扼制中國的航海運輸線安全、威脅東南四省的安全並制約中國的發展。[15]

在短期間，台海的安全會影響區域的安全；但是長期而言，則會影響到全球的安全。因爲中國若犯台，基於規則的世界秩序將崩壞，地緣政治前景將完全改變。故許多專家學者認爲，台灣的地緣戰略位置的重要性優於烏克蘭。例如國防安全研究院國防戰略與資源研究所所長蘇紫雲表示，以戰略位置來看，台灣與周邊國家有共同生命線，例如，日本運輸石油、天然氣都要經過台灣附近海域。國立台灣師範

---

14 〈從艾森豪到裴洛西訪台…台海戰爭威脅 60年來成常態〉，《聯合報》，2022年8月4日，https://udn.com/news/story/122972/6512082。

15 洪榮一，〈房裡的大象：台灣的戰略重要性〉，《想想》，2012年10月12日，https://www.thinkingtaiwan.com/content/1320。

大學政治學研究所東亞學系教授范世平直言，台灣與烏克蘭處境差別很大，因爲台灣若被中國占領，美國第一島鏈就失守，關島、夏威夷戰略要地將首先受到威脅，甚至會威脅到美國本土。[16]

另外，根據《自由時報》報導，美國「戰略暨國際研究中心」（CSIS）資深研究員林舟（Joseph A. Bosco）於2015年5月15日在《外交家》（*The Diplomat*）雜誌發表的〈台灣與戰略安全〉（Taiwan and Strategic Security）乙文指出，台灣的戰略位置有著得天獨厚、舉足輕重的地位，美國應該改變對台灣「戰略模糊」的政策，否則恐造成中國持續部署戰力，威脅美國干預兩岸衝突的行動。林舟表示，1941年的「珍珠港事件」爆發時，日軍就從當時的殖民地台灣派遣轟炸機襲擊菲律賓。台灣在大戰期間不僅是日軍進攻東南亞的主要補給基地，也是監視來往船艦的控制點。美國國務院在當時指出，在亞太區域除了新加坡外，沒有一個像台灣一樣地理位置優越，位居關鍵樞紐的地方。[17]

而且根據香港媒體《東網》報導，台灣海峽是船舶從中國、日本、南韓與台灣駛向西方的主要航道，貨物源源不斷地從亞洲製造業中心運往歐洲、美國及其他港口。數據顯示，全球近一半的貨櫃船隊以及88%的最大船舶經由這條航道。任何影響到台灣海峽通行的事件

16 〈台灣不是下一個烏克蘭 戰略位置經貿角色難類比〉，《自由時報》，2022年2月25日，https://news.ltn.com.tw/news/politics/breakingnews/3841185。

17 〈台灣戰略地位太重要 《外交家》：美應修正「戰略模糊」政策〉，《自由時報》，2015年5月18日，https://news.ltn.com.tw/news/world/breakingnews/1320603。

都將打擊全球航運。從俄國封鎖烏克蘭黑海港口的教訓可知，地區衝突可波及全球，影響大宗商品市場並推高價格。由於航經台灣海峽的船舶數量龐大，故即使是略微受阻，也可能會對全球貿易產生重大的影響。[18]

前美國國防部部長艾斯培（Mark Esper）於2022年7月19日至21日率領「大西洋理事會」（The Atlantic Council）訪團訪問台灣時就表示，台灣海峽若有事，勢必對全球造成影響。成員之一的義大利前總統外交顧問史德方尼尼（Stefano Stefanini）表示，俄烏戰爭讓台灣議題在歐洲引起的關注更甚以往，東亞與台海和平穩定對歐洲相當重要。故誠如前日相安倍提到「台灣有事，即日本有事，也就是日美同盟有事」，而且屆時全球也都會有事。[19]

台積電董事長劉德音於2022年8月1日接受美國《有線電視新聞網》（CNN）專訪時表示：「台灣從1949年以來，一直維持和平，並和平轉型爲民主國家」，「台灣人建立民主制度，選擇自己的生活方式，一旦中國入侵台灣，晶片反而不是最需要關心的，戰爭將會使基於規則的世界秩序崩壞，地緣政治也會被徹底改變」。[20]他的評論顯示，一旦台灣有事，就會影響到現有的世界秩序，因此全球就會

18 〈【命懸一線】台海倘衝突 將毀滅全球供應鏈？〉，《東網》，2022年8月2日，https://today.line.me/hk/v2/article/3NLYODM。

19 游凱翔，〈義大利前總統外交顧問：台灣有事就是全球有事〉，《中央社》，2022年7月19日，https://www.cna.com.tw/news/aipl/202207190353.aspx。

20 洪友芳，〈劉德音：中若犯台 世界秩序將崩壞〉，《自由時報》，2022年8月2日，https://news.ltn.com.tw/news/politics/paper/1532101。

有事。由此可知，台灣局勢正在快速地「國際化」與「全球化」。[21]《自由時報》的「冷眼集」評論稱，裴洛西議長訪台後，中國不但在台海進行軍演，也宣布要在韓國與日本的門口——黃海與渤海——演習時，即說明這不是「台灣有事」而已，而是國際有事的共同問題。[22]

二、民主危機

台灣是世界上民主轉型最爲成功的國家之一，雖然民主轉型的過程曲折、艱辛，但是相較其他國家如韓國，台灣的民主轉型較爲平和，因此可作爲世界民主轉型的範例。台灣自1949年至1987年實行戒嚴，前後長達三十八年之久，爲世界各國少見之現象。當時中國國民黨一黨獨大，人民各種人權遭受限制。[23]後來在眾多人民的強烈呼籲與積極爭取下，台灣開始展開民主轉型的過程，包括於1988年的解嚴、開放黨禁與報禁，1991年「萬年國會」改選，1996年的總統直選，以及長期推動的軍隊國家化與三次政權和平轉換等。

台灣民主的成就已受到國際的公認與讚揚，例如美國總統拜登於2021年12月9日至10日主持「民主峰會」（Summit for

---

21 唐浩，〈【十字路口】台灣有事即全球有事 習連任軟肋〉，《大紀元》，2022年7月21日，https://www.epochtimes.com/b5/22/7/21/n13786197.htm。

22 鄒景雯，〈冷眼集》毀三線？ 非習說了算〉，《自由時報》，2022年8月8日，https://news.ltn.com.tw/news/politics/paper/1533198。

23 戴寶村，〈解嚴歷史與歷史解嚴：高中歷史教科書內容的檢視〉，《臺灣文獻季刊》，第58卷第4期，2007年6月30日，頁400。

Democracy）視訊會議，就邀請台灣參加。此外，隸屬於英國知名雜誌《經濟學人》（*The Economist*）的智庫「經濟學人資訊社」（Economist Intelligence Unit, EIU）於2022年2月9日公布的《2021民主指數》（*Democracy Index 2021*）報告中顯示，台灣在167國家與地區中排名第八名，亞洲第一名，是亞洲唯一擠進前10名的「全面民主」（Full Democracy）國家之列，是史上最好的成績。[24]此成績代表台灣的民主與國人的努力受到世界的肯定。

但是台灣的民主發展過程一直受到中國的軍事威脅。由於近年來中國對台灣的威脅與日俱增，許多國家與重要組織紛紛發聲支持台灣的民主制度，這就是「德不孤，必有鄰」的道理。例如歐洲議會（European Parliament）於2021年1月20日以高票通過「共同外交暨安全政策」（CFSP）及「共同安全暨防禦政策」（CSDP）兩項決議案，肯定台灣抗疫表現、關切中國對台軍事威脅、支持台灣民主及參與「世界衛生組織」（WHO）等國際組織，重申歐盟將持續關注台灣情勢，並提升與台灣的政經關係，同時嚴正關切近期台海緊張情勢及中國對台灣的軍事挑釁，強調國際夥伴應合作鞏固台灣民主不受外來威脅。[25]

法國歐洲議會議員格呂克茲曼（Raphaël Glucksmann）於2021年

---

[24] "Taiwan Asia's top democracy: report," *Taipei Times*, February 12, 2022, https://www.taipeitimes.com/News/taiwan/archives/2022/02/12/2003772996.

[25] 張如嫻，〈歐洲議會通過決議強勢挺台 外交部感謝具體行動堅定支持〉，《Yahoo》，2021年1月21日，https://is.gd/e5H8rm。

11月3日與六名歐洲議會議員訪問台灣，返國後接受《法國國際廣播電台》（RFI）的採訪時強調，儘管遭受來自中國政府的重重威脅與阻撓，但台灣的民主制度卻在壓力中不斷強壯堅實。歐洲議會通過的「台灣的決議案」，顯示一方面大家越來越愛惜台灣的民主運作機制，逐漸意識到台灣民主體制的存亡對世界的意義；另一方面，歐洲議會各黨派成員都意識到中國政治體制的危險性，尤其是習近平領導下中共政權的威脅性。[26]

現在俄國侵略烏克蘭，造成世界性的民主危機；同樣地，若台灣遭到中國軍事攻擊，亦將是一場世界性的民主災難與危機，因此此議題獲得許多的國際關注與支持。例如德國聯邦議院議員羅森特里特（Frank Müller-Rosentritt）表示：「在俄烏戰爭中，全世界對俄國採取的制裁是做給中國政府看，『如果你越線了，我們將站在一起對抗你』，這不只是給俄國的訊息，更是給中國的訊息。這場戰爭是一個警鐘，提醒我們必須跟亞洲的民主國家站在一起，韓國、日本、台灣、馬來西亞、印度等，在民主自由社會之間建立陣線。這是我們接下來努力的方向，要讓極權者知道自由世界的強大與團結。」[27]

---

26 〈格呂克茲曼：台灣民主徹底證偽了中國文化與民主不相容的說法〉，《法國國際廣播電台》，2021年11月23日，https://is.gd/wjoO0p。

27 劉致昕，〈「這是我們給台灣的忠告！」來自外交前線的箴言，台灣能從俄烏戰爭學到什麼？〉，《報導者》，2022年7月25日，https://www.twreporter.org/a/russian-invasion-of-ukraine-2022-their-advice-to-taiwan。

三、晶片危機

（一）晶片的重要性

積體電路晶片（Integrated Circuit，以下簡稱晶片），是現代資訊科技不可或缺的重要零件。台積電業務開發資深副總經理張曉強應邀出席台灣玉山科技協會於2021年10月26日舉辦的二十週年論壇，以〈半導體技術未來展望〉爲題演講時表示，晶片已滲入人們生活每個角落，特別是兩年疫情期間，人人了解晶片的重要性。近期有人比喻晶片爲21世紀的石油，張曉強認爲不是很準確，且低估了晶片。而他認爲晶片像空氣，是人們身邊無所不在的東西，每個人口袋裡幾乎都有含晶片的設備，也有台積電生產的晶片。人工智慧（AI）時代剛起步，將來AI也會無所不在，晶片對人們生活將會產生更大的作用，因爲AI科技離不開晶片。[28]

而且晶片已經變成21世紀的重要戰略物資，因爲它不但被運用在日常的各種生活產品，還被運用在各種的武器上。現代的武器講求精準打擊，因此先進的晶片對於先進武器非常重要，故晶片被稱爲武器背後的「武器」。[29]晶片對於現代戰爭的重要性在這次俄國與烏克蘭戰爭中充分被展現出來。俄軍先進制導武器在這場戰爭中並未發揮

---

[28] Atkinson，〈台積電張曉強：半導體不只是21世紀石油，更如空氣無所不在〉，《科技新報》，2021年10月26日，https://technews.tw/2021/10/26/semiconductors-are-as-ubiquitous-as-air/。

[29] 芯視點，〈晶片——武器背後的「武器」〉，《每日頭條》，2019年8月6日，https://kknews.cc/zh-tw/military/gmaz2al.html。

應有的能力，經緯航太董事長羅正方就指出，俄軍雖然擁有許多看似五花八門的奇兵利器，但在戰爭一開打，依賴衛星系統精準導航的武器就出現非常多失效墜毀或炸偏目標的窘境，可見俄國研發的全球衛星導航與定位系統「格洛納斯」（GLONASS）在抗干擾上相當脆弱。[30]究其原因，乃是因爲俄國在晶片技術的投資不足。

俄國武器大多沿襲蘇聯時期的傳統，較爲注重硬體，並強調龐大、堅固及火力，但是在小型的精密科技如晶片的研發與製造，卻遠遠落後於西方國家。[31]根據聯合國商品貿易（United Nations Comtrade）資料庫顯示，俄國晶片生產技術十分落後，其最大晶片製造商「米克朗集團」（Mikron）曾表示其是唯一有能力量產65奈米晶片的俄國企業，而業界早於2006年即引入該技術量產晶片。故當全球晶片製造居主導地位的台灣、南韓，以及晶片生產工具強國日本加入美國制裁俄國行列後，讓俄國先進武器、第五代行動通訊技術（5G）、AI與機器人等尖端科技的發展受挫。國際間聯手對俄國高科技晶片施加的制裁，對其發動的烏克蘭戰爭衝擊很大。[32]

反之，美國援助烏克蘭的許多先進武器，由於精準度高，對俄

---

[30] 鍾元，〈俄烏戰爭開打逾四週 專家剖析俄軍遇挫原因〉，《大紀元》，2022年3月26日，https://www.epochtimes.com/b5/22/3/25/n13672406.htm。

[31] Jyotsna Bakshi, “India-Russia Defence Co-operation,” *Strategic Analysis*, Vol. 30, No. 2, Apr-Jun 2006, p. 449.

[32] 周世惠，〈英美媒體：台灣晶片制裁阻礙俄國武器、通訊技術發展〉，《中央社》，2022年3月20日，https://www.cna.com.tw/news/aopl/202203200066.aspx。

軍造成重大的傷亡。中國網路媒體《網易》於2022年7月16日報導，烏克蘭從美國獲得「M142高機動性多管火箭系統」（M142 High Mobility Artillery Rocket System, M142 HIMARS，以下簡稱海馬斯）後，在戰場上不斷秀出這些火箭炮的實力。根據烏克蘭方面的消息，烏軍已經使用該火箭炮摧毀了俄軍大約12個彈藥庫，如此精準的打擊讓俄國感到頭疼；而且有烏克蘭官員指出，俄制S-400遠程防空導彈無法有效攔截海馬斯火箭炮。

（二）台灣晶片對世界的重要性

台灣的晶片，尤其是台積電生產的晶片，到底對世界有多重要？根據《三立新聞》報導，台積電市場占有率超過整體產業的50%。張曉強就強調，現在每個人口袋裡幾乎都有台積電生產的晶片。台積電已經掌握了全球各技術密集產業，如電腦、電子、通訊網路、精密機械、汽車、航太、國防、智慧家電等動脈，是所有這些產業的核心組件的主要關鍵供應中心。財經專家王百祿在《台積電爲什麼神？》中稱，台積電就像中央山脈由北到南延伸鎮守台灣，帶動全台灣半導體上下游產業一片蓬勃發展的空前榮景。世界級大廠三星電子、IBM、半導體巨人英特爾（Intel）、中國中芯半導體，都在一旁虎視眈眈。[33]

王百祿分析台積電爲什麼是台灣的「護國神山」的11個原因：

[33] 鍾志鵬，〈書摘／台積電爲什是護國神山的原因曝〉，《Yahoo》，2022年1月21日，https://is.gd/uo7nbd。

1.近二十年來只有台積電被中國、美國、日本、德國等大國要求在當地設廠；2.美日汽車大廠緊急要求台積電、聯電挪出產能，爲它們生產晶片；3.晶圓代工廠的市場是全世界；4.台積電的潛在訂單超越想像；5.台積電掌握全球各技術密集產業的動脈；6.每次台灣有自然界災害發生，台積電立刻接到來自全世界的關切電話；7.生活化電子電器設備越輕薄短小就越依賴晶片；8.其他競爭對手無法撼動領先精進的台積電；9.台積電百億金額投資自己以保持領先地位；10.台積電高品質的晶片有助全球相關產業維持正常營運；11.蘋果電腦、iPhone不能沒有台積電。[34]

而且，美國很多的先進武器就是使用台灣生產的晶片，美國商務部部長雷蒙多（Gina Raimondo）就稱，美國70%最先進的晶片都是購自台灣，並運用在軍事裝備中，一個標槍發射系統（Javelin Launching System）中有250個晶片。[35]因此，一旦台海有事，台灣的晶片產業若受到重創，可能會對全世界晶片的供應造成嚴重影響。

例如裴洛西議長於2022年8月2日至3日訪問台灣，中國在多次警告無效後，中共軍方在台灣周邊海域進行爲期三天的軍事演習，台海情勢再度陷入危機。此事引起國際對晶片供應的擔憂，美國CNN就於8月1日專訪台積電董事長劉德音；他在受訪時表示，中國若武力犯台，就算控制台積電的工廠，也無法再繼續運作，因爲這是非常精細

34 同前註。

35 烏凌翔，〈烏凌翔觀點：美國商務部長Raimondo 的標槍導彈非要用台灣晶片？〉，《風傳媒》，2022年5月27日，https://www.storm.mg/article/4352445。

複雜的製造，從材料、化學到零組件，必須與歐洲、日本、美國等地有即時聯繫，靠許多人讓工廠運作，因此就算以武力控制也無法運作。中國市場目前占台積電10%的業務，若中國入侵台灣亦會造成彼此經濟的動盪，因爲他們最先進的零組件供應將消失，此將會發生各方皆輸的情況。[36]劉德音強調台積電的不可取代性，因爲並非占領台灣、取得台積電的廠房與員工，就能順利生產先進的晶片。

伺服器代工廠英業達董事長卓桐華表示，若兩岸眞的打起仗來，就沒有所謂供應鏈，「打烏克蘭頂多沒瓦斯，打台灣就什麼也沒有了」。[37]由劉德音與卓桐華的談話可見，台灣半導體產業對世界產業的重要性。甚至美國戰略學者麥金尼（Jared M. McKinney）、哈里斯（Peter Harris）兩人在美國陸軍戰爭學院期刊《戰爭要素》（*Parameters*）發表論文稱，若台灣面臨中國的入侵，台灣政府必要時應該實施「焦土戰略」，啓動半導體產業的自毀機制，避免台積電落入中國的手中。[38]

另外，美國川普（Donald Trump）政府最後一任白宮國家安全顧問歐布萊恩（Robert O'Brien）於2023年3月13日在杜拜多哈智庫蘇凡

---

36 葉亭均，〈CNN專訪 劉德音：陸犯台各方皆輸〉，《聯合報》，2022年8月2日，https://udn.com/news/story/7240/6504820。

37 吳家豪，〈英業達董座：打烏克蘭頂多沒瓦斯 打台灣就什麼也沒有了〉，《經濟日報》，2022年8月4日，https://money.udn.com/money/story/5612/6511737。

38 陳品潔，〈中國武力犯台應啓動半導體銷毀機制 美軍事學者建議：台灣應自毀台積電〉，《上報》，2021年12月23日，https://www.upmedia.mg/news_info.php?Type=3&SerialNo=133374。

中心（Soufan Center）主辦的安全論壇上強調，由於90%的高階晶片都是由台積電所生產，如果中國入侵台灣並成功控制台積電，中國將成爲「晶片版本的石油輸出國家組織（OPEC）」，透過晶片進而擁有掌控世界經濟的能力，美國與盟國將不會讓此事發生。由此可見，台積電對於世界安全與經濟的重要性。

裴洛西也非常重視台灣的半導體產業，根據立法院民進黨黨團總召柯建銘於2022年8月3日證實，裴洛西於當日一大早就在AIT以視訊與台積電董事長劉德音進行會議，內容談及晶片問題。另外，多位陪同裴洛西訪台的美國眾議員赴立法院訪問時，也談到《晶片法案》（*CHIPS Act*）對半導體工業的影響。[39]但是台積電卻在隨後發表聲明澄清稱，劉德音與裴洛西曾進行視訊會議或是單獨密會的傳言不實。[40]雙方的說法完全不同，讓外界不知道誰的說法才是正確的。

台積電創辦人張忠謀伉儷、董事長劉德音及和碩副董事長程建中等人，於8月3日中午受總統府邀請，出席與裴洛西的午餐宴會，可見台灣晶片產業的重要性。根據《經濟日報》所獲得的獨家消息，在席間來賓與我方人員熱烈討論半導體技術的發展問題，張忠謀剖析全球各地的發展狀況，並稱一個國家要累積很多條件，半導體產業才能成功。張忠謀除讚揚台灣半導體的成功經驗外，也對美方人員坦誠地表

39 陳政宇，〈裴洛西一早晤台積電劉德音 柯建銘：談晶片問題〉，《自由時報》，2022年8月3日，https://ec.ltn.com.tw/article/breakingnews/4013037。

40 簡永祥，〈台積電打臉柯建銘！ 劉德音未與裴洛西視訊 也沒單獨會見〉，《聯合報》，2022年8月3日，https://udn.com/news/story/122944/6510065。

示，並不看好將台灣半導體的經驗移植到如美國、日本等外國。[41]張忠謀的談話再度強調，台灣半導體的難以取代性。

《自由時報》報導，澳洲記者艾迪森（Craig Addison）在其2001年的著作《矽盾：台灣抵抗中國攻擊的保障》（*Silicon Shield: Taiwan's Protection Against Chinese Attack*）中主張，台灣在依賴矽晶圓與軟體的資訊科技經濟上地位舉足輕重，中國軍事犯台將嚴重干擾全球相關產品的供應，使美日歐相關企業的市值蒸發數兆美元，中國的軍事行動必然引發美國爲首的全球干預，以保護資訊科技產品供應鏈，如同1990年伊拉克入侵科威特，引發美國爲首的聯合國部隊出兵伊拉克，以保護科威特的全球石油供應。[42]

由艾迪森的觀點顯示，台灣的半導體產業是世界不可或缺的戰略物資，讓中國不會輕易對台動武。總統蔡英文除了在臉書表達認同前述論點，還投書美國《外交事務》（*Foreign Affairs*）雜誌表示，半導體即是保障台灣安全的矽盾。美國總統拜登簽署美國《晶片法案》，以及積極籌組由台美日韓組成的「晶片四國聯盟」（Chip 4），都證明台積電對台灣、美國及全世界的重要性。[43]由此可證，台灣若不保，台積電就不保，並將禍及全世界。

---

41 經濟日報，〈科技大老齊聚，裴洛西午宴談什麼？張忠謀說了這些話〉，《遠見雜誌》，2022年8月6日，https://is.gd/bJElzH。

42 〈小檔案》什麼叫做矽盾？〉，《自由時報》，2022年8月4日，https://ec.ltn.com.tw/article/paper/1390802。

43 羅際輝，〈台電有事 台積電有事 台灣有事〉，《聯合報》，2022年8月17日，https://udn.com/news/story/7339/6542449。

四、供應鏈危機

（一）台灣供應鏈斷鏈危機

台灣除了擁有先進的晶片外，還具有許多全球性的產業。《遠見雜誌》總主筆彭杏珠表示，台灣人口不到全球0.3%，陸地面積僅占0.00024，在世界地圖上僅是一個小點，但卻具有關鍵力量，成爲全球233個國家與地區都少不了的產業供應鏈夥伴。科技大廠築起的電子業護國群山，一路從北綿延至南：新北市的鴻海；桃園的廣達、欣興、研華；新竹的台積電、聯發科、聯電，再到台中的大立光、高雄的日月光、國巨，都是世界數一數二的企業。若無臻鼎、欣興、華通等公司的電路板（PCB），蘋果根本出不了貨。而且全球超過八成的高階雲端伺服器也來自台灣，只要一斷鏈，Google、臉書、亞馬遜、微軟等四家雲端大客戶鐵定停擺。[44]

彭杏珠進一步表示，台灣除了高科技的電子產業在全球供應鏈具有重要地位外，還有許多的傳統製造業在國際上亦具有舉足輕重的地位。台灣機械公會理事長、鳳記董事長魏燦文說，台灣製鞋機械出口値爲全球第三大、工具機排名第四，塑橡膠機進步到第六位，還有紡織、木工機械、電子設備、檢量測設備都表現優異。從台積電的先進製程晶圓，到義成公司的一把小螺絲起子，這些不可被取代的產品，

44 彭杏珠，〈85個台灣黃金小鎮有21個國際級產業 世界亮點產業少不了台灣〉，《聯合報》，2021年10月5日，https://udn.com/news/story/6842/5794358。

讓台灣成爲全球產業地圖中少不了的那一個「點」。[45]

上述這些重要的產業不但是「台灣之光」，亦是「世界之光」，因爲若無這些台灣產業，世界的經濟將受到影響，並顯得黯淡無光。台灣產業在世界供應鏈中已建立起不可取代性。因此若台灣遭受中國的侵略，全世界的產業鏈將受到波及。亦即「台灣的產業有事，世界的產業鏈就會有事」。《商業周刊》稱，當世界各國發現，一旦台灣陷入戰火，自身也會付出嚴重代價時，就會向中國施壓，勸阻勿對台灣動武，這就是一種無形的屏障。[46]

爲了加強台灣在全球供應鏈的關鍵地位，並與各國的產業密切結合，總統蔡英文於2020年5月20日的就職演說中就強調，要打造「六大核心戰略產業」，讓台灣成爲未來全球經濟的關鍵力量。這六大核心戰略產業包括：第一，資訊及數位相關產業；第二，5G、數位轉型及國家安全的資安產業；第三，生物及醫療科技產業；第四，軍民整合的國防及戰略產業；第五，綠電及再生能源產業；第六，確保關鍵物資供應的民生及戰備產業。根據金管會銀行局公布的放款金額顯示，截至2023年3月底，國銀對「六大核心戰略產業」放款額達到6.97兆元。[47]此數字顯示我國加強台灣在全球供應鏈的關鍵地位的決

---

45 同前註。

46 韓化宇、何佩珊、章凱閎，〈2027台海終須一戰》中共圍台後，5年內勢必攤牌！〉，頁78。

47 魏喬怡，〈六大核心產業放款 連四月成長〉，《工商時報》，2023年5月11日，https://ctee.com.tw/news/finance/860454.html。

心，以及各相關產業的企圖心。

（二）中國供應鏈斷鏈危機

兩岸一旦起衝突，除了台灣的供應鏈勢必會受到影響外，中國的供應鏈亦然，因爲中國現在是「世界工廠」。根據《TVBS新聞》報導，時任中華經濟研究院WTO及RTA中心副執行長李淳：「台灣因爲是全球供應鏈裡面非常重要的核心，不只是半導體，台灣在電子產業，如電腦、筆電，然後這些伺服器，乃至於像印刷電路板，還有我們部分的化學原料跟鋼鐵，其實都是對於全世界來說很重要的。中國其實也是，所以如果這兩個節點都因爲戰爭而停擺，全世界的經濟大概要停止了。」[48]可見中國供應鏈對於世界經濟的重要性。

中國過去以生產低階的產品外銷全球，但是由於其科技的進步，已經能夠生產高階及精密的產品了。中國國際經濟交流中心副理事長、商務部原副部長魏建國表示，未來在「雙迴圈」的經濟格局下，中國不但是「世界工廠」，而且還會是整個世界高級、精密、尖端產品的「大工廠」。他進一步解釋，全球現在對中國的依賴比以前還要強，而中國對全球的依賴可以說在逐漸降低。[49]在新冠肺炎流行期間，由於中國當局堅持採取「清零」及封城等嚴格防疫政策，雖然有

---

[48] 劉彥萱、何佳陽，〈美中若在台海開戰 全球經濟必然蕭條〉，《Yahoo》，2022年8月15日，https://reurl.cc/ER5Oa1。

[49] 魏建國，〈中國未來仍是世界「大工廠」，而且是更高精尖的「大工廠」〉，《新華網》，2022年1月27日，http://big5.news.cn/gate/big5/www.xinhuanet.com/sikepro/20220127/32fec2daf5a7469e89a0f84c237852b4/c.html。

效控制疫情，卻使得人流及物流嚴重受阻，工廠生產幾乎停頓，導致全球供應鏈大受衝擊。從衣服、玩具、汽車、電子產品到藥品等都出現斷貨的危機。不但其自身經濟受到重創，亦影響全球的經濟。

從俄烏戰爭的經驗觀之，若中國一旦對台對武，中國供應鏈受到的影響將遠遠超過新冠肺炎的影響。在俄烏戰爭期間，以美國爲首的西方國家及全球盟友紛紛對俄國祭出多輪、多領域及嚴格的經濟制裁，包括將俄國主要銀行逐出「環球銀行金融電信協會」（SWIFT）國際結算系統、凍結並沒收俄國政府與寡頭在海外的資產、各國禁止進口俄國的石油與天然氣，外國企業亦紛紛撤出俄國市場，各大企業包括蘋果公司、Google等科技大廠都加入抵制俄國行列，好市多、家樂福、愛買亦無俄國商品，這些制裁與抵制措施給俄國經濟造成巨大的痛苦。

中國若武力犯台，就會像俄國一樣受到國際的制裁。由於中國經濟與外界融合的程度遠高於俄國與外界的融合，因此若美國與其他重要國家對中國實施制裁，中國的供應鏈必定會斷裂，不但世界經濟會受到影響，其國內經濟亦將受到重創。中國攻台之舉將猶如金庸大師筆下的「七傷拳」，對自己有極大傷害，傷人也傷己。因此，中國若攻台將是損人不利己之舉。《經濟日報》轉載《紐約時報》的評論稱，中國若入侵台灣，「兩岸必定玉石俱焚」。[50]由此可見，中國侵

---

[50] 季晶晶，〈紐時：台灣矽盾地位成「暴風眼」大陸來犯將玉石俱焚〉，《經濟日報》，2022年8月30日，https://money.udn.com/money/story/5599/6573988?from=edn_hotestlist_storybottom。

台所付出的代價將會非常高昂。希望中國執政者能以俄國爲殷鑑，不要輕啓戰端。

第四章

中國對台灣「和統」與「武統」的爭辯

第一節　中國的歷史發展

中國文學四大名著之一，《三國演義》的卷首語：「話說天下大勢，分久必合，合久必分。」這句簡單的話語就清楚地道盡了中國古代迄今的歷史發展軌跡。中國歷史不斷上演著分分合合的戲碼，例如：周朝末年，群雄並起，燕、秦、楚、齊、韓、趙、魏「戰國七雄」相互爭奪天下。後來由秦國統一天下，開創了秦帝國；這是中國歷史上第一次的統一局面。然而，看似強大的秦帝國卻因爲內部政治因素而崩潰，國祚僅十四年而已。

秦帝國滅亡之後，中國再度進入四分五裂的局面，最後剩下項羽與劉邦相互爭奪霸權。出人意料之外，強大的項羽竟然被相對較弱的劉邦所消滅，最後由劉邦建立漢朝，統一天下，爲中國第二個大一統王朝。雖然漢朝國的國祚長達四百零五年之久（包括東西兩漢），但是最後還是走上秦帝國的不歸路，陷入群雄割據的局面，後來由魏、蜀、吳三國三分天下，相互爭霸。三國在經過慘烈的戰亂之後，最終由晉朝統一天下。

晉朝後來又分爲西晉與東晉，東晉之後，中國進入南北朝時期，後由隋朝統一天下。隋朝之後爲唐朝，唐朝衰落後，進入五代十國的亂世，後由宋朝統一天下。宋朝之後爲元朝，元朝之後爲明朝，明朝之後爲清朝。[1]在中國大陸這塊廣袤的大地上，這種改朝換代的劇情

1　「朝代」一般指建立國號的帝王世代相傳的整個統治時代，是歷史上相對統一的王朝。故十六國、南北朝、五代十國不列入，宋、遼、金、西夏、

反覆地上演著。每個朝代剛建立的時候都想存在千千萬萬年，因此臣民稱呼皇上為「萬歲」，但是從來沒有一個朝代能夠永垂不朽。因為新的極權政權在經過一段時間後，幾乎都會重蹈上個朝代的覆轍。

因為極權政權容易產生貪污腐化，正如英國歷史學家阿克頓爵士（John Dalberg Acton）於1887年4月寫給克雷頓（Bishop Mandell Creighton ）主教的信中所言：「權力使人腐化，絕對的權力使人絕對地腐化。」（Power tends to corrupt, and absolute power corrupts absolutely.）腐化的政權導致人民無法獲得溫飽，暴政必招致民怨。原政權若遭到其他新勢力的挑戰，或是外來政權的侵犯，人民就會趁勢揭竿而起，推翻原有的政權，建立新的政權。

美國著名作家馬克．吐溫（Mark Twain）就曾表示：「歷史雖然不會重演，但它就像文章的押韻一樣，類似事件還是會再度發生。」（History does not repeat itself but it often rhymes.）[2]中國的歷史就這樣不斷地照此規律上演著，中國最後一個封建王朝清朝也是如此，最後被孫中山先生所領導的革命運動所推翻，並於1912年初創建亞洲第一個民主共和國中華民國，終結了中國長達兩千一百三十二年的封建王

蒙古時期只列宋，因北宋基本實現中原一統，西漢、東漢合併為漢朝，西晉、東晉合併為晉朝，北宋、南宋合併為宋朝。美文，〈中國曆朝國祚排行榜：唐朝第7明朝第6漢朝第4，第1延續790年〉，《欣欣網》，2020年5月18日，https://www.jasve.com/zh-tw/meiwen/9ac522b14e2b95613bd1ad61ccb2b638.html。

2 或翻譯成「歷史雖然不會重覆，可是它必定會有相似之處」。

朝統治制度。[3]中國歷史上的朝代更替，絕大多是透過戰爭的方式進行，並犧牲無數的無辜生命，中國的《二十四史》就記載各朝代更替過程中血腥屠殺的情況。[4]因此，中國的政治可說是一場又一場的悲劇。中國的歷史發展到今日亦是如此，並沒有躲過此悲劇。

因為中華民國成立後，北洋政府專權，袁世凱總統甚至搞復辟想當皇帝，而引起人民的強烈反對，最後皇帝當不成並憂憤而亡。袁世凱死後，中國陷入北洋軍閥割據局面。雖然最後由蔣中正領導的北伐軍統一全國，但是卻遭到日本帝國的侵略。經過八年的艱苦抗戰，好不容易在美國的幫助之下打贏了日本，不久後卻又陷入國共內戰。國民政府的軍隊後來被毛澤東所領導的中共打敗，並於1949年退據台灣，而毛澤東則宣布成立中華人民共和國，從此兩個政權就隔著台灣海峽分治迄今。中共雖然宣稱中華人民共和國已經取代中華民國，但是事實上，中華民國仍然存在台灣這塊土地上，並未被消滅。然而，中共仍然念念不忘地欲消滅中華民國，並統一台灣。

在毛澤東時代，他主張以武力統一台灣，並明白威脅恐嚇要血洗台灣。但是共軍於1949年10月古寧頭戰役嘗到敗績，後又於1958年8月發動「八二三砲戰」亦無法得逞，粉碎了他以武力統一台灣的企圖。鄧小平於1978年重掌政權後，深知無法以武力解放台灣，故改採

---

3 新學派文化，〈中國歷史上一共有多少位皇帝——408位〉，《每日頭條》，2016年11月1日，https://kknews.cc/zh-tw/history/xzvjl49.html。

4 〈二十四史〉，《中國文化研究院》，2015年，https://www.chiculture.net/index.php?file=topic_description&old_id=0702。

「和平統一、一國兩制」策略。中國全國人大常務委員會於1979年元旦發表《告台灣同胞書》，首次宣布和平統一方針，呼籲兩岸就結束軍事對峙進行商談，並且實現通郵、通商及通航三通政策。[5]

從此和平統一成為中國對台的主要方針，但是中國從未宣稱放棄以武力統一台灣的企圖，並時常以此論調威脅台灣。在對台政策上，中國當局內部的「和統」與「武統」論調時有消長。當兩岸關係和緩時，例如馬英九總統執政的時代，「和統」的聲音就勝於「武統」；但是當此關係趨於緊張時，「武統」的聲音就勝於「和統」，例如李登輝總統於1996年訪問美國，以及於1999年提出「兩國論」；陳水扁總統於2002年提出「一邊一國論」；總統蔡英文於2022年8月初邀請美國聯邦眾議院議長裴洛西訪問台灣。

第二節　和統論

中國自從鄧小平於1978年重掌政權之後，審度自己的軍力及觀察當時的局勢，深知當時並無法以武力解放台灣，故改變對台的策略，以「和平統一、一國兩制」取代毛澤東時期的「武力解放台灣」的策略。1979年1月1日，全國人大常務委員會發表《告台灣同胞書》，宣告中國和平解決台灣問題的大政方針，呼籲兩岸就結束軍事對峙狀態進行商談。1981年9月30日，全國人大委員長葉劍英提出《有關和平

5　童振源，〈中國對台政策：演變、特徵、與變數〉，丁樹範主編，胡錦濤時代的挑戰（台北：新新聞出版社，2002年），頁313。

統一台灣的九條方針政策》（簡稱葉九條），主要內容為「國家實現統一後，台灣可作為特別行政區，享有高度的自治權」，並建議國共兩黨舉行對等談判。[6]1982年9月，鄧小平在會見英國首相柴契爾夫人時，談到收回香港問題，首次公開提出「一國兩制」。這些文件及談話均為以後的中國對台政策定調。

該政策的主要內容為：第一，一個中國。世界上只有一個中國，台灣是中國的一部分，中央政府在北京。反對任何分裂中國主權與領土完整的言行，包括「兩個中國」、「一中一台」或「一國兩府」及可能導致「台灣獨立」的企圖；第二，兩制並存。在「一中」原則的前提下，中國的社會主義制度與台灣的資本主義制度長期共存。兩岸統一後，台灣的社會經濟制度不變；第三，高度自治。統一後，台灣成為特別行政區，享有高度自治權。可與外國簽訂商務、文化等協定，享有一定的外事權；有自己的軍隊，中國不派軍隊及人員駐台；第四，和平談判。為實現和平統一，兩岸應盡早接觸談判。在一個中國的前提下，什麼問題都可以談。[7]

鄧小平以後的歷任領導人，包括江澤民、胡錦濤與現任的習近平亦都經常公開提及要和平統一台灣。中國許多學者亦主張「和統論」，例如上海東亞所所長、前海協會會長汪道涵生前重要智囊章念

6 〈和平統一‧一國兩制〉，《中華人民共和國中央人民政府》，2017年3月24日，http://big5.gov.cn/gate/big5/www.gov.cn/test/2005-07/29/content_18285.htm。

7 同前註。

馳，與涉台學者、廈門大學台研院教授陳孔立都主張「和統」。另外，爲了宣傳中國希望和平統一台灣的企圖，中共中央統戰部於1988年9月22日在北京成立「中國和平統一促進會」（簡稱和統會），並在多個國家設立分會，作爲中國統戰海外華人「維護統一」的代理機構。[8]

近年來由於兩岸關係緊張，支持「和統」者頻頻受到「武統」者的強烈攻擊，致使中國內部的「和統論」減少。但是章念馳認爲，統一的前提是必須能夠促進社會進步與生產力發展，使國家更繁榮富強，有助於民族振興，有利於融合發展，以及讓被統的一方心悅誠服，得到更多實惠與利益，從而共同締造一個更美好的家園等。換言之，中國不能強行統一，必須審時度勢，將解決台灣問題放在中華民族偉大復興的總體進程中統籌謀劃。同時，統一必須以人爲本，追求心靈契合，不能上演「分，百姓苦；合，百姓也苦」。[9]

中國在裴洛西議長於2022年8月2日至3日訪問台灣後，解放軍對台進行「圍台軍演」，造成兩岸情勢緊張，但是中國國台辦及國務院新聞辦於8月10日共同發表對台白皮書《台灣問題與新時代中國統一事業》，[10]再度強調「和平統一、一國兩制」是解決台灣問題的基本

---

8 江迅，〈「武統」或「和統」大辯論〉，《亞洲週刊》，2020年8月3日，https://is.gd/FejBX4。

9 胡勇，〈時論廣場》和統已走投無路？〉，《中國時報》，2022年2月12日，https://www.chinatimes.com/opinion/20220212003009-262104?chdtv。

10 此爲中國發布第三份對台白皮書，第一份爲1993年9月發表的《台灣問題與中國統一》，當時辜汪會談雖開啓兩岸協商，但同年台灣積極爭取參與聯合

方針。淡江大學兩岸關係研究中心主任張五岳稱，該白皮書的發布，旨在向內外闡述對台政策的堅定立場，內容並無新意，延續過去中國一貫的對台政策論調，仍是堅定和平統一，只是做更完整且進一步的詮釋。[11]但是其內容卻刪除了過去白皮書中多項重要的承諾，包括「允許台灣自治」、「不派兵」、「不派官員來台」等。[12]

第三節　武統論

一、四次台海危機

美國暢銷小說《冰與火之歌》（*A Song of Ice and Fire*）[13]的作者馬丁（George R. R. Martin）就曾表示：「歷史都是用血所書寫。」（History is written in blood.）[14]許多專家學者或時事評論者也都認為

國，遭北京認爲挑戰其「一個中國原則」，故於聯合國開議前發表白皮書以表達立場。第二份於2000年發表的《一個中國的原則與台灣問題》，回應李登輝前總統於1999年提出的「特殊兩國論」。

[11] 陳冠宇，〈張五岳：北京仍是堅定和平統一〉，《中國時報》，2022年8月11日，https://www.chinatimes.com/newspapers/20220811000626-260303?ctrack=pc_main_recmd_p20&chdtv。

[12] 陳政嘉，〈這些承諾都被刪掉了！習近平首份「台灣白皮書」不演了 統一後將派兵來台〉，《新頭殼》，2022年8月11日，https://newtalk.tw/news/view/2022-08-11/799759。

[13] 此小說後來被HBO改編並拍攝成著名的影集《權力的遊戲》（*Game of Thrones*）。

[14] Dave Itzkoff，〈《權力的遊戲》作者談劇中性暴力〉，《紐約時報中文網》，2014年5月5日，https://cn.nytimes.com/film-tv/20140505/t05game/zh-hant/。

「台海終須一戰」，中國必定會採取軍事手段統一台灣。「武統論」並非不切實際，因爲過去中國也確實曾經試圖要以武力統一台灣，共計曾爆發過四次台海危機。前兩次危機發生在倡導「武統論」的毛澤東時期，而後兩次則是發生在中國政府倡導「和統論」之後。可見中國當局雖然一直宣稱希望和平統一台灣，但是卻從未宣布放棄以武力手段執行統一，其實中國內部的「武統論」也從未消失過。

第一次危機發生於1949年10月24日深夜的「古寧頭戰役」。當時毛澤東派遣9,000名解放軍乘坐漁船渡海突襲金門，發動「古寧頭戰役」，[15]欲奪取台灣的前哨基地。然而進犯的解放軍幾乎全部被國軍所殲滅，我國稱爲「古寧頭大捷」，此戰役粉碎了毛澤東欲「血洗台灣」的企圖。事後毛澤東認爲失敗原因乃是缺少海空軍的優勢，無法安全地運送大量共軍渡海作戰。這是兩岸分立後，中國對我國所發動的第一次武統作爲。

第二次危機發生於1958年8月23日的「八二三砲戰」。[16]解放軍於當日下午突然以600多門大砲對金門發動全面砲擊，攻勢異常猛烈。金防部的吉星文等三位副司令官當場爲國捐軀，官兵死傷數百。[17]共軍在四十四天內向金門射擊砲彈幾近50萬發，後來美國的武

15 中國稱爲「金門戰鬥」。

16 又稱「金門砲戰」。

17 〈【歷史上的今天0823】八二三砲戰 副司令官全數陣亡〉，《聯合報》，2021年8月23日，https://theme.udn.com/theme/story/121604/5684960。

器援助與國軍英勇的抵抗下，粉粹共軍的侵略企圖。[18]該砲戰後兩岸未再爆發大規模的戰役，確立了兩岸分治的局勢，然而兩岸局勢仍然非常緊張。雖然毛澤東一直無法實現其欲「血洗台灣」的企圖，但是卻不時透過各種管道宣傳武力解放台灣的政策。每年10月1日的中國「國慶」，官方擬定的口號單上，最後的口號永遠是「一定要解放台灣」。[19]

第三次危機發生於1995年至1996年間。1995年5月22日，美國總統柯林頓允許總統李登輝於6月初到美進行「非官方、私人訪問」，參加康奈爾大學畢業典禮，成為首位訪美的在任中華民國總統。中國認為美國違反中美三個聯合公報，於1995年7月向台灣北部海域發射六枚飛彈，並推遲第二輪「辜汪會談」。此外，1996年3月23日台灣舉行首次總統大選，中國試圖干涉選舉，在投票前向台灣南北部海域發射飛彈，並在中國東南沿海舉行軍事演習，美國緊急派遣獨立號與尼米茲兩艘航空母艦部署在台灣南北海域。後來李登輝以過半數選票成功連任，順利完成總統直接民選，之後危機逐漸降溫。[20]

第四次危機發生於2022年8月4日至10日間。中國為反制裴洛西議

---

18 〈臺灣海峽危機〉，《維基百科》，2022年8月14日，https://zh.m.wikipedia.org/zh-tw/%E8%87%BA%E7%81%A3%E6%B5%B7%E5%B3%BD%E5%8D%B1%E6%A9%9F。

19 陳鄭為，〈兩岸分歧：和統的前提是和平還是統一？〉，《聯合新聞網》，2022年2月17日，https://www.bannedbook.org/bnews/zh-tw/ssgc/20160301/713769.html。

20 〈臺灣海峽危機〉，《維基百科》。

長於2022年8月2日至3日間訪問台灣，共軍東部軍區在台灣周圍海域進行軍演、導彈射擊，軍機與艦艇頻頻越過海峽中線對台施壓，形成「圍台軍演」之勢，兩岸軍事衝突的機會急遽升高。由於這是共軍海空軍在台灣北部、西南部以及東南部的海空域，「全天候」展開「實戰化聯合演訓」，而且中國的四枚導彈史無前例地飛越台灣本島上空，所以這次情況甚至比1996年的台灣海峽飛彈危機還嚴峻，再度讓兩岸陷入瀕臨戰爭的邊緣。

二、「武統」聲量趨大

中國對於究竟應該採取「和統」或是「武統」解決台灣問題，其內部各界的觀點不一，兩派論點常因兩岸關係起伏而有所消長。例如在陳水扁執政時期由於主張台獨，中國內部的「武統」聲浪就高於「和統」。中國政府甚至於2005年通過《反分裂國家法》，賦予中國對台動武的法律基礎。其中第8條提到：「台獨分裂勢力以任何名義、任何方式造成台灣從中國分裂出去的事實，或者發生將會導致台灣從中國分裂出去的重大事變，或者和平統一的可能性完全喪失，國家得採取非和平方式及其他必要措施，捍衛國家主權和領土完整。」後來在馬英九於2008年上台後，「武統」的聲音就頓時減少。

但是自從2016年總統蔡英文上台後，尤其是自2020年蔡總統連任以來，兩岸關係越來越緊張。美國從川普到拜登政府對台的支持力度越來越大，更是讓北京不得不逐步升高反制手段，最明顯的情形就是透過增加軍事演習的頻率、強度與地點，向美台合作發出警告。[21] 由於中國的民族主義高漲，讓中國對台的「武統論」聲量更大，「和統」的聲音越來越微弱。向來被視爲中國對台鴿派學者的章念馳就感嘆，主張「和統」者已「越來越不敢講話了」。[22]

在裴洛西擬訪台之前，中國全國政協機關報《人民政協報》於2022年7月30日刊文，引述一位不具名的共軍戰略學者言論表示，只要美台敢踩中國給的紅線，「我們將啓動《反分裂國家法》，以雷霆萬鈞之勢對台出手，讓國家完全統一的步伐大大提前」。而且自從裴洛西訪台後，中國內部「武統」的聲量突然大增，「和統」的聲音幾乎消失了。由於中國採取「武統」行動的可能性更加提高，致使兩岸兵凶戰危。[23]

《商業周刊》當年於8月出版的第1813期雜誌，便以〈2027台海終須一戰〉作爲該期的封面；該文分析稱，中國在這次軍演之後，五年內勢必攤牌。因爲習近平將打破中共領導人任期不超過兩屆的限制，邁向權力顚峰，他的第三任期至2027年，若任內對台灣問題無重大突破，便無法樹立威信，建立再跨入下一個任期的正當性，離這時間越近，他鋌而走險的機率也越高。晶華酒店董事長潘思亮亦憂心忡

---

21 祁冬濤，〈大陸城市居民如何看武統？〉，《聯合早報》，2021年9月17日，https://www.kzaobao.com/mon/keji/20210917/100534.html。

22 胡平，〈鄧小平爲何提一國兩制和平統一？蔣經國爲何開放民主？〉，《中國禁聞網》，2017年1月8日，https://udn.com/news/story/6844/6104830。

23 廖士鋒，〈共軍戰略學者：將啓動「反分裂國家法」反制裴洛西訪台〉，《聯合報》，2022年7月30日，https://udn.com/news/story/7331/6500271。

忡地表示：「一定會有台海危機，一定會很危險，也可能會讓大家有躲防空洞的時候。」[24]

該周刊進一步分析稱，習近平曾說，台灣問題「不能一代一代拖下去」，故在其第三個任期內，定會設法解決台灣問題，無論是武力統一，或是逼迫台灣上談判桌。中國涉台學者、上海東亞研究所助理所長包承柯表示，多家中共黨媒於8月3日將台灣問題放至頭版刊登，此突顯一個重要意義：「過去台灣問題在中共領導人決策排序上相對靠後，如今已被拉到決策優先排序的前幾位。」台灣智庫諮詢委員董立文強調，中國對台動武不是「會與不會」的問題，而是「什麼時候與何種方式」的問題。裴洛西訪台，只是打亂對台強制統一進程，兩岸現狀已不可能一直維持下去。[25]

根據網路媒體《上報》的報導，歐洲高等學院哲學教授與倫敦大學伯貝克人文學院國際主任齊澤克（Slavoj Žižek）在分析俄國入侵烏克蘭事件後認爲，中國未來勢必武統台灣。他表示，中國官媒對於「武統」的提示越來越明顯。因爲隨著和平統一台灣的前景越來越無望，勢必需要以武力「解放」台灣。爲了在意識形態上爲動武做準備，中國的宣傳機器更加地煽動愛國主義者的愛國心，質疑所有外國的可能干預，其手段是經常指控美國虎視眈眈地想爲台灣出兵。[26]

---

[24] 韓化宇、何佩珊、章凱閎，〈2027台海終須一戰》中共圍台後，5年內勢必攤牌！〉，《商業周刊》，第1813期，2022年8月15日，頁74。

[25] 同前註，頁75-76。

[26] 齊澤克，〈《大家論壇》衝突視角：主人與侍從的意識鬥爭 中國勢必武

根據網路媒體《關鍵評論》的報導，發表於《當代中國》（*Journal of Contemporary China*）期刊的研究〈城市中國人對武裝統一台灣的支持度：社會地位、民族自豪感與對台灣的理解〉指出，57.6%中國受訪者支持武力統一台灣，其中收入較高、教育程度較高、對中國經濟和政治越自豪者，更傾向支持武統台灣。該研究認爲，中國在台灣問題上的民族主義受到利益、認同、情感等因素影響，這些因素受到政府驅動、社會嵌入性（Embeddedness）影響形成武裝統一的輿論。[27]

另外，由新加坡國立大學李光耀公共政策學院學者劉遙與上海紐約大學副教授李曉雋兩人，針對中國人民有關對台灣是採取「和統」或「武統」的態度進行民調，並於2023年5月15日發表在《當代中國》。調查結果顯示，有55%的中國民眾支持對台灣發動全面戰爭以求統一，而有33%反對武統台灣。此顯示目前在中國，「武統」的聲量高於「和統」。劉遙表示，相較於胡溫時期，現在中國政府對台灣的用語更爲強硬，這可能與民進黨執政、中美對立加劇及習近平的野心有關。[28]

統台灣〉，《上報》，2022年4月8日，https://www.upmedia.mg/forum_info.php?SerialNo=141311。

27 劉亭妤，〈中國9大城市民調：收入與教育程度愈高、民族自豪感強烈者，更傾向支持武統台灣〉，《關鍵評論》，2022年8月8日，https://www.thenewslens.com/article/170925。

28 黃澎孝，〈民調：中國民眾55%支持武統 逾2成認未必要統〉，《中央社》，2023年5月21日，https://www.cna.com.tw/news/acn/202305210141.aspx。

北約秘書長史托爾騰伯格（Jens Stoltenberg）於2022年6月28日至30日在西班牙馬德里舉行的北約年度高峰會後表示，「中國正在大幅增強其軍事力量，霸凌其鄰國並威脅台灣」。對於中國是否會對採取軍事行動，烏克蘭駐北約代表團副代表的國會議員伯布羅芙絲卡（Solomiia Bobrovska）給台灣的忠告稱：「千萬不要低估你的敵人，不要小看它們發動攻擊的決心跟能力，尤其對極權國家而言，包括俄國、中國與北韓，它們與一般國家不同。對民主國家而言，它們的行事邏輯是無法預測的。我們能夠做的事，就是要隨時備戰，如同以色列一樣，這是最好的生存策略。」[29]

習近平於2022年10月16日在中共二十大開幕時做工作報告再度重申，絕不放棄以武力統一台灣。另外，值得國人注意的是，中國第十三屆全國人大會議於2023年3月5日開幕，根據中國財政部提出的2023年中央與地方預算草案的報告，官方編列的2023年國防支出高達人民幣1兆5,537億元，年增7.2%，是近五年次高，僅次於2019年。而且習近平於同年3月7日出席人大解放軍與武警部隊代表團全體會議時，要求「全軍要抓緊抓實備戰打仗工作」，此言顯然是指示共軍要爲未來攻台的軍事行動做好準備。

---

[29] 劉致昕，〈「這是我們給台灣的忠告！」來自外交前線的箴言，台灣能從俄烏戰爭學到什麼？〉，《報導者》，2022年7月25日，https://www.twreporter.org/a/russian-invasion-of-ukraine-2022-their-advice-to-taiwan。

第五章

台灣有事，誰會來相助？

第一節　誰有能力協助台灣對抗中國

一旦台灣有事，到底有哪一個國家願意來相救呢？這是國人都在急切詢問的問題。由於戰爭尚未眞正爆發，所以誰都無法具體回答此問題。外交部部長吳釗燮於2023年6月間接受「德國之聲」（Deutsche Welle）政論節目《衝突地帶》（*Conflict Zone*）主持人Tim Sebastian視訊專訪，被問到一旦發生戰事，誰將與台灣並肩作戰？吳部長稱，目前不清楚一旦開戰誰會幫助台灣，承擔防禦責任的是台灣自身，不會要求別國為台灣而戰，呼籲國際社會持續關注中國對台動武的企圖，共同努力阻止戰爭發生。[1]

但是可以肯定者為，專制或極權國家如俄國、北韓、伊朗等國，因為與我國意識形態不同，且與中國關係友好，故不可能會協助台灣。因此只有民主國家才有可能協助台灣，而基本上，想要協助台灣對抗中國的民主國家，必須具備「能力」（Capability，尤其是軍事能力）與「意願」（Willing）兩個條件。本文根據這兩個條件，運用類型學（Typology）分析方法，分為「能力強與意願高」、「能力強但意願低」、「能力弱但意願高」、「能力弱與意願低」四個分類，分析哪一個台灣周邊或是世界重要民主國家有能力或有意願協助我國（如表5-1）。

---

1 林恩如，〈《德國之聲》專訪問兩岸開戰 吳釗燮：不會要求別國為台而戰〉，《Tahoo》，2023年6月23日，https://reurl.cc/eDzokW。

表5-1　可能協助台灣的國家

能力 / 意願	能力強	能力弱
意願高	第一類 美國、日本、澳洲、加拿大、歐洲國家	第三類 台灣邦交國
意願低	第二類 韓國、新加坡	第四類 大部分民主國家

資料來源：筆者整理。

本節採取刪除法，先討論不大可能協助台灣的周邊民主國家。首先是第二類國家，這類國家雖然具有很強的軍事能力，但協助台灣的意願不是很高，例如韓國、新加坡等。韓國因爲要應付來自北韓的威脅，還有美軍的協防，故擁有強大的軍事力量。但是韓國與台灣無邦交，對台灣亦不是很友善，而且韓國必須依賴中國處理北韓問題，對於北京的態度多有忌憚，例如韓國對於是否加入由美國主導，針對中國的「晶片四國聯盟」（Chip 4）猶豫不決，深怕引起中國的不滿。

而且台灣與韓國在經濟上互爲競爭對手，而非相互扶持的朋友。根據《遠見雜誌》報導，台灣與韓國同樣是出口導向經濟體，亞洲四小龍中產業結構最爲類似，尤其在半導體及資通訊產品方面，韓國貨向來是「台灣製造」（MIT）的強勁對手。台灣經濟研究院（以下簡稱台經院）國際事務處研究員邱達生指出，韓國對中國市場的仰賴程度甚深，尤其是韓國在半導體產業中的強項——記憶體。[2]一旦台灣

2　中央社，〈韓國連5月逆差，爲何台灣卻守住順差？3大關鍵一次看〉，《遠見雜誌》，2022年9月4日，https://www.gvm.com.tw/article/93853。

遭中國併呑，對於韓國而言不一定是壞事。故由此研判，韓國不大可能在台灣有事的時候協助台灣。

美國《有線電視新聞網》（CNN）於2022年9月25日晚間播出韓國總統尹錫悅的專訪內容，當主持人問到「如果中共進攻台灣，韓國是否會支持美國在台的防禦工作」時，他回答稱：「一旦中國進攻台灣，北韓也極有可能發起挑釁。屆時對於韓國而言，以強有力的韓美同盟基礎應對北韓挑釁，應該會成爲最優先課題。」這是韓國總統首次針對「台灣有事」發表意見，顯示韓國政府擔憂一旦中國武力犯台，北韓將可能在北京的支持下對韓國進行軍事挑釁。日本《時事通信社》指出，此反映韓國與駐韓美軍對支援台灣的態度較爲消極。[3]

雖然尹錫悅在訪問美國前夕，於2023年4月19日接受《路透社》訪問時，一改過去對台海事務謹愼與保守的態度，並表示：「台灣議題不只是中國與台灣之間的問題，就跟北韓一樣是全球性的議題，南韓與國際社會都堅決反對以武力改變現狀。」但是不排除此言論是爲了讓其訪美行程順利而說的一種外交辭令，以取悅拜登；或者是爲了回應韓國國內日漸高漲的反中情緒。位在夏威夷的美國國防部所屬智庫「井上健一亞太安全研究中心」（Daniel K. Inouye APCSS）教授趙成敏就指出，南韓在兩岸衝突時的角色，應該是在美國的要求下，

---

3 朱紹聖，〈台海若爆發戰事 是否支持美在台防禦？ 尹錫悅史無前例回應〉，《中國時報》，2022年9月26日，https://www.chinatimes.com/realtimenews/20220926002069-260409?chdtv。

提供美軍直接或間接的支援。[4]因爲若南韓直接派兵支援台灣，中國就有可能煽動北韓侵略南韓。

在新加坡方面，據《亞洲週刊》報導，新加坡雖然僅是個彈丸小國，但經濟富裕，亦擁有東南亞首屈一指的作戰力量，其軍力不容小覷。建軍思想以「毒蝦」自許，讓敵人喪膽。它配備最先進的武器，兵力全球排第31名，壓倒大馬等國。由於全民皆兵，500多萬人口的國家，最終可動員部隊上百萬。[5]然而新加坡的軍隊僅足以自保，若台灣有事，要馳援台灣，恐力有未逮，更何況旁邊還有一個不大友善的馬來西亞。

而且，新加坡是世界上少數能與兩岸維持良好關係，亦是兩岸均能信任的國家，例如兩岸最高領導人於2015年11月7日舉辦的首次會晤「馬習會」，就是在新加坡舉行。雖然如此，縱然有美國的壓力，新加坡亦不可能在兩岸關係上選邊站。總理李顯龍於2022年8月21日就表示，因中美關係惡化及俄烏戰爭，預計亞太地區會出現更多地緣政治角力，其中台海情勢最令人憂心，新加坡將盡力避免被捲入大國競爭的敵對關係之中。[6]新加坡的立場，其實就是大部分亞洲國家的

4　張寧倢，〈南韓近65%民眾支持「助美協防台灣」民調結果連專家也超意外〉，《ETtoday新聞雲》，2023年1月10日，https://www.ettoday.net/news/20230110/2419820.htm#ixzz83ZnIhtpb。

5　王駿，〈新加坡軍隊以毒蝦自許 警惕烏戰全民皆兵威懾強敵〉，《亞洲週刊》，2022年3月28日，https://is.gd/m86pC7。

6　陳冠宇，〈美中關係惡化 李顯龍憂心台海情勢〉，《中國時報》，2022年8月23日，https://www.chinatimes.com/newspapers/20220823000628-260303?chdtv。

立場。

第三類國家爲台灣的邦交國，目前我國僅剩13個邦交國，包括中美洲2國（貝里斯、瓜地馬拉）、加勒比海4國（海地、聖克里斯多福及尼維斯聯邦、聖露西亞、聖文森及格瑞那丁）與太平洋4國（馬紹爾群島、諾魯、帛琉、吐瓦魯），以及南美洲1國（巴拉圭）、非洲1國（史瓦帝尼）、歐洲1國（教廷）。這些邦交國多屬於蕞爾小國，除了教廷之外，其他國家都需要我國的經濟援助。它們雖然在外交上支持我國，但是卻無力協助台灣。故一旦台灣有事，基本上邦交國對台灣是心有餘而力不足。

第四類屬於大部分的其他民主國家，例如與台灣鄰近的亞洲民主國家菲律賓、馬來西亞、印尼、泰國等，這些國家不是軍事能力薄弱，就是協助台灣的意願低。而且它們都與中國有邦交，故不可能甘冒觸怒中國的風險協助台灣，故「一旦台灣有事，一定不關它們的事」。美國國防部諮詢智庫「蘭德公司」（Rand Corporation）資深研究員林碧瑩（Bonny Lin）就指出，區域內國家不見得會將中國攻打台灣看作是威脅國安的舉動，因爲它們長久以來都服膺中國所堅持的「一中原則」，因此中國就算對台動武，可能也會被當成是「處理國內事務」，與「出兵攻打其他國家」還是有所不同。[7]

菲律賓駐美國大使羅慕德斯（Jose Manuel Romualdez）於2022年

---

7 李忠謙，〈中國如果攻打台灣，哪些國家會幫忙協防？美學者：日本澳洲可能出兵相助，但國際如何反應關鍵仍在美國〉，《Yahoo》，2021年3月5日，https://is.gd/ipqDxf。

9月初接受《日經亞洲評論》採訪時表示，台海若發生衝突，菲律賓可能會允許美軍使用其軍事基地。媒體《新頭殼》表示，這是一種間接表態挺台的方式。[8]但本文認爲，羅慕德斯之所以會有所表示，乃是因爲菲國與中國在南海有領土爭議，並與美國有軍事合作關係，而且台灣是保護其免受中國直接威脅的重要門戶，故才會有此表示，並非眞心想幫助台灣。

除非中國在攻打台灣時，將戰事擴大至菲律賓與南海地區，欲趁機一起解決南海領土爭議問題，菲律賓才有可能爲了自保，起而對抗中國。但是美國在菲國有軍事基地，中國若採取此戰略，定會引起南海周邊的越南與菲律賓的反抗，以及美軍的協助，將自己陷入兩面作戰的處境，不利其攻台行動。故中國將戰事從台海擴大至菲律賓與南海地區的可能性並不大。由上述分析觀之，目前只有第一類「能力強與意願高」的美國、日本、歐洲、澳洲、加拿大等國家，可能協助台灣對抗中國的侵略，以下針對這些國家分別進行討論。

第二節　美國的「保台論」與「棄台論」

美國是台灣安全的最大靠山，也是現今世界上唯一有能力單獨抵擋中國對台灣武力侵略的國家。美國雖然軍事能力強，但是否有強烈

---

8 陳政嘉，〈間接表態挺台！菲律賓駐美大使：台海若開戰 美軍將可使用菲基地〉，《新頭殼》，2022年9月5日，https://newtalk.tw/news/view/2022-09-05/812116。

的意願爲台而戰呢？這也是國人最關心的議題。其實美國國內並非一面倒地支持台灣，因爲內部有所謂的「保台論」與「棄台論」之辯。雖然重視道德規範與良知的自由主義者認爲，「保衛民主不受威權侵蝕」是美國的核心價值觀，也是美國賴以生存的美利堅國際秩序的根基，因此爲台灣而戰，也是爲美國的領袖地位而戰。但是，強調「權力政治」（Power Politics）與國家利益的現實主義者則認爲，台灣不值得美國冒險，因爲安全與經濟風險遠超潛在收穫。[9]以下針對美國的「保台論」與「棄台論」兩派不同意見進行分析。

一、保台論

基本上，「保台論」是美國政界與學界的主流意見，因爲美國安全、情報、外交、軍方等官員、國會議員與專家學者大多主張一旦台海有事，美國必須協助台灣。例如美國前國務卿蓬佩奧（Mike Pompeo）在美國政壇可謂「抗中保台」的急先鋒，也可算是台灣的「抗中代言人」。[10]另外，美國國會一向友台，可說是「保台論」的大本營。例如在卡特（Jimmy Carter）總統宣布於1979年1月1日與台灣斷交時，國會即時地通過《台灣關係法》（*Taiwan Relations Act*），以確保台灣的安全。近年來，美國國會又通過許多友台的法

---

[9] 周萱，〈台海危急 三丨戰或不戰 美國的終極問題〉，《香港01》，2021年10月24日，https://is.gd/QxPvOf。

[10] 譚再利，〈蓬佩奧訪台 魅力猶在？〉，《中國時報》，2022年1月28日，https://www.chinatimes.com/opinion/20220128000961-262103?chdtv。

案，包括《台灣旅行法》、《國防授權法案》、《台灣國防評估委員會法》、《台灣國際參與法案》、《台灣友邦國際保護及加強倡議法》（又稱《台北法》）等。

而且，美國聯邦眾議院議長裴洛西不畏中國的強大壓力，於2022年8月2日至3日訪問台灣，展現其對台灣的強力支持。她在接受總統蔡英文頒贈特種大綬卿雲勳章表揚後，發表致詞時強調：「我們絕對不會背棄對台灣的承諾。」（We will not abandon our commitments to Taiwan.）她重提美國以《台灣關係法》許下對台灣磐石般的承諾（Bedrock Promise），並以「韌性之島」（Island of Resilience）形容台灣，肯定台灣在面對嚴峻挑戰時仍充滿活力的民主政治，十分激勵人心。[11]但是對於如何「保台」，又可分爲兩種不同意見，一種爲直接派兵協防，另一種爲間接軍事援助。

（一）直接派兵協防

在直接派兵協防的「保台論」中最爲重要者，莫過於總統拜登的承諾。拜登於2022年5月19日展開上任後首次亞洲行，於5月23日訪問第二站日本，在聯合記者會上有記者提問「若中國犯台，美國是否願意採取軍事介入」時，拜登回覆：「是的，這是我們做出的承諾。」（Yes. That's the commitment we made.）此言一出立即引起各界的揣測，拜登到底是失言還是明言？日本媒體認爲，拜登將「台灣有事」

---

[11] 何柏均、張鎮宏、劉致昕、李雪莉，〈裴洛西致詞全文：「台灣是韌性之島，我們不會背棄對台灣的承諾」〉，《報導者》，2022年8月3日，https://www.twreporter.org/a/pelosi-speech-in-taiwan。

與「美國有事」相互連結。印度與美國有媒體解讀，拜登提升嚇阻中國的力道，意在防範中國軍事躁進。韓國電視台「中央東洋放送株式會社」（JTBC）稱，拜登總統這次的涉台言論，似乎是他迄今爲止，對台灣最強烈最明確的支持。拜登呼應了前首相安倍的呼籲，對台灣採取「戰略清晰」政策。[12]

政治大學國際關係研究中心資深研究員宋國誠表示，俄烏戰爭以來，從美國軍方、情報機構、國會、智庫到媒體，無不認爲中國極可能模仿俄國侵略烏克蘭，而侵略台灣，中國的親俄立場正是其武力侵台的範本與準備。有些美國專家甚至認爲，中國武力侵台已經不是「是否」的問題，而是「何時」的問題。亦即美國多數人眞的認爲，如果中國一再強調「台灣必須統一，必然統一」，那麼中國必然武力侵台。俄烏戰爭期間，由於美國不派兵參戰，只提供武器給烏克蘭，而出現美國是否眞有意願保護台灣的「疑美論」。爲了化解台灣內部對美國安全承諾的疑問，拜登此刻明確提出軍事保台，就是一種正本清源、盡釋嫌疑的積極表態。[13]

國際關係攻勢現實主義理論大師、芝加哥大學政治系教授米爾斯海默（John J. Mearsheimer）曾分別於2014年3月與2018年7月在《國

---

12 吳憲昌、陳偉毅，〈拜登提「台灣有事．美將出兵」引國際關注〉，《華視新聞》，2022年5月24日，https://news.cts.com.tw/cts/international/202205/202205242080907.html。

13 宋國誠，〈宋國誠專欄：如何解讀拜登的「軍事保台論」〉，《上報》，2022年5月25日，https://www.upmedia.mg/news_info.php?Type=2&SerialNo=145453。

家利益》（*The National Interest*）雜誌發表〈向台灣說再見〉（Say Goodbye to Taiwan）與〈台灣安息吧？〉（RIP Taiwan?）兩篇文章，其論點爲美中衝突不可避免，這是大國政治的悲劇，而台灣距離中國太近，美國爲了避免核武衝突或提早交出霸權地位，可能要先放棄台灣，這是美國「棄台論」的重量級觀點。[14]

但是近年來，米爾斯海默改變其立場，轉而主張「保台論」。他在接受《日經新聞》的專訪時表示，他相信一旦兩岸發生衝突，美國勢必爲台灣而戰且不惜犧牲，其理由有二：第一，台灣具有重要的戰略價値，是箝制中國海空軍在第一島鏈的重要資產；第二，倘若美國放棄保台，將傳遞給日本在內的亞洲盟國一個「可怕的訊息」，即美國不再是可信任的安全保障。他稱拜登以武力保台的想法非常正確，中國現在要想統一台灣，仍爲時尙早。中國若想以武力征服台灣，最好再等三十年，比美國更加強大之後，才有可能對台灣進行武統。[15]

大部分台灣民眾也都樂觀地認爲，一旦台灣有事，美國會出兵救台灣。在拜登於2022年1月20日就職滿週年前，《天下雜誌》於1月12日發布美中台關係民意調查顯示，大部分台灣民眾對美國挺台灣與美國國力都深具信心。萬一兩岸發生戰爭，認爲美國政府有可能會派兵協防台灣的比例高達58.8%，而且54%民眾認爲美軍可以有效保護台

---

14 楊穎超，〈【專家之眼】台海大國當賽場 台人小命誰憐？〉，《聯合報》，2022年2月23日，https://udn.com/news/story/10930/6117464。

15 劉忠勇，〈米爾斯海默：若中共攻台 美國基於兩理由勢必出兵保台〉，《聯合報》，2022年2月21日，https://udn.com/news/story/6809/6112210。

灣。[16]國防部智庫「國防安全研究院」於同年8月16日公布的民調顯示，裴洛西議長訪台後，民眾相信美國會出兵幫助台灣的比率，從俄烏戰爭後的40%回升至50%，顯示美國高層官員訪台有助提升民眾對美國出兵協防台灣的信任。[17]

在共軍對台軍演結束後，美國海軍巡洋艦「安提坦號」（USS Antietam）與「昌塞勒斯維號」（USS Chancellorsville）於8月28日由北向南通過台灣海峽，是裴洛西議長訪台後，美國海軍首次派艦穿越台海，具政治與軍事意義。[18]而且，美國聯邦參議院外交委員會於2022年9月14日通過備受矚目的《台灣政策法》（*Taiwan Policy Act of 2022*），被稱為是繼1979年《台灣關係法》以來，美國對台灣關係最為全面的修訂，可視為是美國政界對於保衛台灣的承諾。

因為該法案篇幅最多者為國防相關內容，例如對台軍售將從「防禦性武器」擴及「有利於威懾解放軍侵略行為的武器」，要求美國政府與台灣建立軍事訓練計畫，包括兵推、軍演，協助兩國軍隊熟悉合作，強化台灣防衛能力。此外，法案中提到提供台灣四年45億美元「無償」援助（Grant Assistance），並有一份五年計畫，將美國多出

---

16 林朝億，〈天下民調：六成台灣人相信美國會出兵救台〉，《新頭殼》，2022年1月12日，https://newtalk.tw/news/view/2022-01-12/695293。

17 中央社，〈國防院民調：裴洛西訪台後 半數民眾認美會出兵助台〉，《聯合報》，2022年8月17日，https://udn.com/news/story/10930/6544228?from=udn-relatednews_ch2。

18 王少筠，〈台海升溫 美日韓安保高層會晤〉，《中國時報》，2022年9月1日，https://www.chinatimes.com/newspapers/20220901000589-260301?chdtv。

的國防資源優先轉讓給台灣，而且第五年再加碼20億美元，等於總計提供台灣65億美元軍援。[19]

此外，美國哥倫比亞廣播公司（CBS）新聞節目《60 Minutes》於9月18日播出拜登的專訪，主持人佩利（Scott Pelley）提問：「若台海發生『前所未有的攻擊』（Unprecedented Attack）時，美軍會不會出兵防衛台灣？」當時拜登毫無遲疑地回答「會」。主持人追問：「清楚地說是跟烏克蘭不同，美軍男男女女會在中國入侵台灣時保衛？」拜登又說：「是」。這是拜登上任以來第四次公開確認，如果中國發動攻擊，美國將派兵保衛台灣。同樣地，事後美國官員又出面澄清，白宮國安顧問蘇利文（Jake Sullivan）於9月20日稱，拜登爲人直率，當時只是回應假設性問題，以往也有過類似的回答，有關言論並非反映華府有任何政策改變。[20]

對於拜登多次提出「護台」的說法，國防部部長奧斯汀於9月30日接受CNN政論節目《札卡利亞GPS》（*Fareed Zakaria GPS*）專訪時指出，依照《台灣關係法》，美國致力於協助台灣發展自衛能力，此工作持續進行中，且會持續至未來。隨後主持人追問，該法律承諾美國會協助台灣防衛，但拜登是說美國會防衛台灣，兩者有些不同，

---

[19] 吳介聲，〈美參院通過《台灣政策法》的下一步？台灣朝野政黨宜審愼以對〉，《聯合報》，2022年9月23日，https://opinion.udn.com/opinion/story/120611/6634240。

[20] 〈拜登四度表態防衛台灣：美國「戰略模糊」趨清晰與「零成本」嚇阻北京？〉，《關鍵評論》，2022年9月22日，https://www.thenewslens.com/article/173648。

「美軍準備好這麼做嗎？」奧斯汀回應，美軍永遠都準備好捍衛自身利益和履行承諾。他表示美國會繼續努力，確保「在對的地方有對的能力」，藉此協助盟友維繫自由開放的印太區域。[21]

另外，奧斯汀部長於2023年2月2日訪問菲律賓期間，宣布美國與菲律賓根據雙方於2014年簽署的《強化防務合作協議》（*Enhanced Defense Cooperation Agreement*, EDCA），菲方將增加四個軍事基地供美方使用，以強化美國對抗中國的陣線。美國國防部表示，增加可用軍事基地將加強美菲同盟，加速雙方聯合軍事能力的現代化。美國增加在菲國的駐軍，將有助強化第一島鏈的防禦能力，以及保衛台灣的安全。

（二）間接軍事援助

雖然拜登四次口頭承諾「軍事保衛台灣」，但是仍有許多人懷疑美國是否會直接派軍隊保衛台灣，因為每次在拜登承諾之後，白宮或國務院必定會出面澄清。拜登的第一次承諾是在2021年8月美國宣布撤軍阿富汗，結果塔利班快速反攻拿下首都喀布爾，當時各國輿論包含台灣內部都掀起一股「疑美、棄台」的輿論浪潮。拜登則抬出《北大西洋公約》（*North Atlantic Treaty*）第5條的「集體防禦」承諾，即任何對北約盟國的敵對行動，美國都將做出回應，此承諾對日本、南韓與台灣亦然。然而事後很快被國務院滅火，強調美國仍維持「一中

---

21 〈指拜登「護台論」已說清楚 美防長：美軍隨時準備履行承諾〉，《自由時報》，2022年10月3日，https://news.ltn.com.tw/news/world/breakingnews/4076903。

政策」（One China Policy）、《台灣關係法》、三個聯合公報與六項保證，未改變對台的一貫立場。[22]

第二次是在2021年10月21日，拜登參加CNN在巴爾的摩舉行的市民大會，被問及若台灣遭到中國攻擊，美國是否會防衛台灣？拜登回應：「會，我們對此有承諾。」（Yes, we have a commitment to do that.）但事後也同樣遭到國務院否認。[23]第三次是拜登於2022年5月訪問日本，在一場記者會上被問到若台海發生戰爭，是否願動用軍力保衛台灣時，也再次給出肯定答案。白宮官員事後表示，美國的對台政策並沒有改變，拜登指的是會提供武器給台灣，而不是派兵協助保衛台灣。[24]同樣地，第四次亦是如此，拜登做出承諾，但白宮官員隨後澄清。此顯示對於是否直接派兵協防台灣，美國政府的態度顯得比較曖昧，並一直保持著「戰略模糊」的政策。

對於拜登的承諾，東海大學通識教育中心教授潘兆民就表示，拜登的「保衛台灣」之說未必是派兵，也可以是軍援。美國在俄烏戰爭的試驗得到一個結論，就是提供精良的武器，一樣可以利用代理人去抑制可能的競爭對手。故他研判美國有意在台海運用相同的戰略，讓台灣成爲消耗中國的工具。儘管白宮後續出面重申「一中政策」不

---

22 張宇韶，〈美國總統拜登三次挺台非口誤？實爲對中共武力犯台進行戰略嚇阻〉，《聯合報》，2022年5月25日，https://opinion.udn.com/opinion/story/12561/6339383。

23 同前註。

24 張碧珊，〈拜登提「武力保衛台灣」將出兵援助？ 白宮澄清：提供武器〉，《Yahoo》，2022年5月24日，https://is.gd/XzOoyx。

變，但其實美國的戰略已有清晰化的跡象，這個戰略清晰不在於白紙黑字承諾協防台灣，而在於將台灣作爲戰術前沿的做法明朗化。因此他不認爲拜登是口誤，而是在宣告美國對兩岸議題的未來戰略方向。[25]

另外，在美國學界有一派專家學者主張，美國對於他國的衝突，應該採取「離岸制衡」（Offshore Balancing）策略。政治大學外交系教授吳崇涵表示，「離岸制衡」策略是指當崛起強權威脅美國在某一區域的利益時，華盛頓並非一開始就運用己身全部國力與之對抗。美國應該先利用「推卸責任」（Buck Passing）的方式，讓此區域其他盟國抗衡崛起強權。當「推卸責任」策略失敗時，華盛頓才會直接介入並抗衡對手。美國歷史上有多次先運用「離岸制衡」後再直接介入的案例，例如美國在決定參與一戰、二戰前，就是先讓歐洲國家與中國分別對抗德國與日本。等到歐洲國家與中國快落敗時，爲了阻止德日在往後成爲美國的敵人，華盛頓改變原本的「推卸責任」政策，選擇以軍事手段直接介入。[26]

時事評論者吳崑玉表示，對於國內藍綠爭論「台灣若發生戰爭，美軍會不會出兵保台？」的問題，他認爲美國大兵直接登陸與共軍對

---

25 李俊毅，〈美國真會出兵保台嗎？他大膽預言台灣將成「這國」翻版〉，《中國時報》，2022年5月24日，https://www.chinatimes.com/realtimenews/20220524005121-260407?chdtv。

26 吳崇涵、張朕祥，〈美中台探針：拜登對中冷和 先扮離岸制衡者〉，《蘋果新聞網》，2021年1月31日，https://www.appledaily.com.tw/forum/20210131/JWKZC5A53VC7TPI6P3TTVG2HTA/。

戰的機率很低，但不表示美軍的武器彈藥支援不會來。在1996年台海飛彈危機中，爲加強外島防務，當時美軍最新的M249機槍、MK19榴彈槍，都已經配發到馬祖基層。美軍不來打陸戰，但其教官可以提早來，而且安全合作旅早就與台灣海陸或特戰進行交流。美軍士兵在國際戰爭時，先退役再以志願軍名義，或國民組隊前往參戰，在二戰前就有案例可循。[27]

香港資深媒體人周萱表示，美國多年來始終保持「戰略模糊」，對中國與台灣實行「雙重威嚇」，即在不激怒中國的情況下，威嚇其勿武力攻台，另外在不明確承諾協防台灣的情況下，警告台灣勿單方面尋求獨立，從而維持對己身利益最大化的現狀。[28]因此我們必須清楚了解，美國要如何保台，是直接出兵，還是採取「離岸制衡」策略，由美國政府說了算，而不是台灣說了算。國人一定不會忘記，在俄國於2022年2月24日對烏克蘭發動攻擊時，拜登發表聲明呼籲全世界人民爲烏克蘭人民一起祈禱的畫面。希望未來一旦台海有事，美國總統不要只有祈禱而不派兵前來相助。

拜登政府爲了展示對台灣的軍事支持以因應中國的軍事威脅，不但多次出售各種先進武器給台灣，而且派遣近200名美軍現役教官來台協助訓練國軍地面部隊。根據《華爾街日報》（*The Wall Street*

---

[27] 吳崑玉，〈美國爲何拱台灣發展「不對稱作戰」？這要放在美軍全球戰略架構下，才看得出深層意涵〉，《關鍵評論》，2022年7月13日，https://www.thenewslens.com/article/169571。

[28] 周萱，〈台海危急 三｜戰或不戰 美國的終極問題〉。

Journal）2023年2月獨家披露，密西根州國民兵在訓練一批台灣軍方部隊，包括在該州北部進行年度多國演習。[29]另外，根據美國軍事網站《Military.com》報導，2023年4月27日美軍特戰司令部舉行年度演習，投入訓練的部隊包括「第75遊騎兵團」（75th Ranger Regiment）、「第160特種作戰航空團」（160th Special Operations Aviation Regiment）等。此次演練是在北卡羅來納州軍事基地「布雷格堡」（Fort Bragg）的68號靶場模擬台灣場景，任務爲登陸台灣協助抵禦中國入侵，這是美軍特戰司令部有史以來首次在演習中以台海爲假想情境。[30]

二、棄台論

（一）美國政府過去棄台的案例

雖然大多數美國人民都支持應該保衛台灣，以抵抗中國的軍事侵略，但是還是有少部分美國人認爲應該要放棄台灣，不值得爲台灣而戰，並轉而與中國友好。其實回顧美國過去的對台政策，「棄台論」並非新鮮事，也不是不可能的事，因爲美國政府確實曾經多次嘗試放棄過台灣，甚至最後於1979年1月1日與中華民國斷交，拋棄了多年的友邦。

---

[29] 呂伊萱、吳書緯，〈協訓國軍 近200美軍教官駐台 AIT：對台支持爲因應中國威脅〉，《自由時報》，2023年4月19日，https://news.ltn.com.tw/news/politics/paper/1578256。

[30] 〈美軍特戰司令部首度模擬共軍侵台 演練登陸「協防台灣」〉，《自由時報》，2023年5月1日，https://news.ltn.com.tw/news/world/breakingnews/4287598。

第一位主張「棄台」的美國總統爲第33任總統杜魯門（Harry S. Truman），他在台灣危急存亡時，爲了撇清中國失敗的政治責任，於1949年8月5日發表《美中關係白皮書》，嚴詞批評蔣中正貪污腐敗無能，並停止一切軍事援助，導致國民政府士氣崩潰。1950年1月5日，杜魯門再發表「不介入台灣海峽爭端」聲明，落井下石，讓撤退到台灣的國民政府岌岌可危，所以杜魯門被認爲是第一位主張「棄台」的美國總統。[31]已故的前《中國時報》駐華府特派員傅建中曾表示，國務院並於當年5月下旬訓令駐台北總領事師樞安（Robert C. Strong）準備撤僑，若非6月25日韓戰爆發，美國一夕之間改變對台政策，派第七艦隊進駐台灣海峽，台灣恐怕早已被共軍「解放」了。[32]

第二位主張「棄台」的美國總統爲第37任總統尼克森（Richard M. Nixon），其國安顧問季辛吉（Henry A. Kissinger）爲其謀劃「聯中制蘇」的戰略。美國爲了拉攏中國，季辛吉不但於1971年兩度密訪中國，並且促成尼克森於隔（1972）年2月21日訪問中國，成爲首位訪問中國的美國現任總統，他在北京發表的聯合公報中表示，認知「台灣是中國的一部分」。尼克森與季辛吉原本密謀與中國建交，然

---

[31] 陳德銘，〈觀點投書：筆尖上的台灣——從杜魯門到川普：談幾位美國總統「賣台」政策〉，《風傳媒》，2021年1月15日，https://www.storm.mg/article/3381636?page=1。

[32] 傅建中，〈華府看天下——美國棄台的前車之鑒〉，《中國時報》，2011年11月18日，https://www.chinatimes.com/newspapers/20111118000931-260109?chdtv。

而尼克森後來因爲爆發「水門案」事件下台，而未能實現其與中國建交的願望。

第三位主張「棄台」的美國總統爲尼克森的繼任者第38任總統福特（Gerald Ford），尼克森下台後由副總統福特繼任總統，福特延續尼克森「聯中制蘇」的戰略，並繼續推動與中國關係正常化。他於1974年撤銷《台灣決議案》，終止總統出兵防衛台灣及離島的權力，並於1975年召回最後一架停泊在台灣的戰鬥機，同時大幅減少派駐的軍事人員，無疑對台灣撤防，美軍不再保護台灣。[33]福特雖於1975年訪問中國，但因爲美國當時在越戰慘敗，國際信譽掃地，在國際環境不允許的情況下，沒有出賣台灣，也未能與中國建交。[34]

第四位主張「棄台」的美國總統爲第39任總統卡特，其國安顧問布里辛斯基認爲台灣只是彈丸之地，被中國併吞只是遲早的事。[35]卡特政府於1978年12月15日在未徵詢國會或要求同意下，突然宣布承認中共政權，並於1979年1月1日與中共正式建立外交關係，同時宣布與中華民國斷交，包括廢除《中美共同防禦條約》與撤軍，僅保留與台灣的非官方關係，此次爲眞正的棄台。

從此以後台灣與美國僅維持非官方關係，但是因爲美國國會

---

33 陳德銘，〈觀點投書：筆尖上的台灣——從杜魯門到川普：談幾位美國總統「賣台」政策〉。

34 陳錫蕃、吳銘彥，〈棄台論一家之言耳〉，《國家政策研究基金會》，2012年7月13日，https://www.npf.org.tw/3/11095。

35 陳一新，〈【專家之眼】棄台論在美國學政界只是孤兒？〉，《聯合報》，2021年5月3日，https://udn.com/news/story/121823/5429259。

通過《台灣關係法》，讓兩國仍然維持密切的關係。雷根（Ronald Reagan）總統上台後，爲了拉攏中國對抗蘇聯，於1982年8月17日與中國簽署《八一七公報》，同意逐漸減少對我國軍售，但是他同時針對台灣的安全提出「六項保證」（Six Assurances）。根據美國政府於2020年8月31日解密的文件「六項保證」顯示，其中的一項保證就是「美國未同意設定終止對台軍售日期」。故美國不顧中國的壓力，持續軍售台灣，讓中國政府相當不滿，時常向美國政府施壓，要求終止對台軍售。

（二）美國專家學者的棄台主張

以上是歷任主張棄台的美國總統。台灣雖然被美國拋棄了，但是艱忍地撐過斷交的艱辛歲月，並走向民主。然而卻還有許多專家學者主張應該徹底地放棄台灣。實踐大學前校長陳振貴表示，俄烏戰爭進入三個多月時，季辛吉建議烏克蘭割地求和，澤倫斯基總統罵他是老番顚，但是季辛吉的言論也引發台灣方面對兩岸關係的敏感與憂心。拜登於2022年5月23訪問日本時表示，如果中國武力犯台，美國會軍事介入保衛台灣，季辛吉就此嚴厲警告美國不應以狡辯或漸進的方式發展「兩個中國」，不能以台灣當作中美談判核心的談話，季辛吉五十年來「親中賣台」的事實昭然若揭。[36]

另外一位美國「棄台學派」的大老爲布里辛斯基，他是卡特時期

[36] 陳振貴，〈季辛吉出賣台灣〉，《自由時報》，2012年6月12日，https://talk.ltn.com.tw/article/paper/1522429。

的國安顧問，也是促成美國與中華民國斷交的主要人物。布里辛斯基於2012年1月在《外交事務》雜誌發表名爲〈平衡東方、加強西方：動盪年代中的美國大戰略〉乙文，他主張美國若要與中國和解，就必須認眞考慮不再繼續軍售台灣。如果美國繼續無限期出售武器給台灣，就不僅讓人產生美國意圖分裂兩岸的印象，而且會造成美國支持兩岸分裂的現實，美國軍售台灣與美中兩國的關係發展不相容。[37]

哈佛大學甘迺迪政府學院前研究員肯恩（Paul V. Kane）於2011年11月10日在《紐約時報》發表題爲〈救經濟，棄台灣〉（To Save Our Economy, Ditch Taiwan）的文章，又掀起各界有關「棄台論」的熱烈討論。肯恩認爲美國應停止對台軍售，以換取勾消對中國高達1.14兆美元的債務。他認爲台灣遲早會落入中國手中，因此不如以台灣問題與中國談條件。他認爲中國應該會答應，因爲這可爲中國省下不少對台的國防支出，是一種互利的做法。而曾任國防部副助理部長的薛瑞福（Randall Schriver）公開抨擊肯恩的想法「既天眞又危險」。[38]

美國喬治華盛頓大學政治學及國際關係教授格拉瑟（Charles Glaser）於2011年3月投書《外交事務》指出，美國只要願意在一些不大致命的利益上，如台灣問題做出讓步，就可以改善與中國的關

[37] Brzezinski, Zbigniew, “Balancing the East, Upgrading the West: U.S. Grand Strategy in an Age of Upheaval,” *Foreign Affairs*, Vol. 91, Iss. 1, Jan/Feb 2012, pp. 97-104.

[38] 陳錫蕃、吳銘彥，〈棄台論一家之言耳〉。

係。而且經過十年後，他再度重彈多年前的「棄台論」老調，於2021年4月28日再度在《外交事務》發表文章，敦促華府重新思考對東亞的承諾，強化美日、美韓同盟，放棄保衛台灣等「次要利益」，以降低美中開戰的可能性。[39]

美國於2021年8月31日從阿富汗撤軍前，塔利班迅速攻占首都喀布爾，總統甘尼（Ashraf Ghani）棄國逃難，喀布爾機場湧入大批逃難阿富汗民眾景象，引起許多台灣人心生恐懼。當時台灣內部出現「今日阿富汗，明日台灣」的「棄台論」，並懷疑美國的外交誠信。[40]澳洲國立大學亞太學院講師宋文笛接受《英國廣播公司》（BBC）採訪時表示，美國「拋棄」阿富汗的做法，在歷史上有類似案例，並不新鮮。時任行政院院長蘇貞昌則表示，從阿富汗的教訓可以看出，如果國家內部先亂，外面也沒辦法幫忙，台灣人要堅定信念，相信只有自己守住這片土地，別人才攻不進來，吞不下去，唯有自助才能人助。[41]

基本上，不論是在美國政界或是學術界，「棄台論」都屬於少數派，並受到各界的批判。例如美國學者專家如葛來儀（Bonnie

---

39 尹俊傑，〈美國學者：美中價值對立 棄台論難以化為現實〉，《中央社》，2021年4月30日，https://www.cna.com.tw/news/firstnews/202104300012.aspx。

40 徐薇婷，〈美國棄台論再起，台灣真的可能成為下個阿富汗嗎？華府輿論一面倒〉，《關鍵評論》，2021年8月19日，https://www.thenewslens.com/article/155187。

41 〈阿富汗局勢：「今日阿富汗，明日台灣」？ 美國安顧問稱兩者截然不同〉，《BBC中文網》，2021年8月18日，https://www.bbc.com/zhongwen/trad/world-58247669。

Glaser）、卜大年（Daniel Blumenthal）、葉望輝（Stephen Yates）等批評「棄台論」者，並建議應該加強與台灣的關係、持續對台軍售，以增加台灣與中國談判的信心。邁阿密大學政治學教授金德芳（June Teufel Dreyer）亦批評格拉瑟的棄台論調，他強調如果美國不顧對台灣的承諾，將會影響到美日的關係，美國也將失去所有作爲一個負責任盟友的可信度。前「美國在台協會」（AIT）主席卜睿哲（Richard Bush）表示，提出棄台論的學者已經被邊緣化一段時間，中國的力量已經增強，美國若要保台，就必須在此地區擁有足夠軍事能力。[42]

但台灣大學政治學系教授張登及提醒國人，即使美國持「棄台論」者仍屬少數，若忽視此論調，對於台灣的風險會很高，故不宜掉以輕心。雖然可斷言，棄台以換取綏靖的政策不會立即發生，但從兩強長期競爭與未來世局的複雜性來看，台灣對雙方有「利益不對稱」的特徵：對北京是政權存亡的核心利益；反觀華府則就算參加護台，也有「打多大、打多遠、打多久」的選項。美國若打得不夠久、不夠遠、不夠大，也應算是「廣義棄台」，又可換取中國掉入治理陷阱。[43]亦即，台灣可能被美國利用爲制衡中國崛起的一枚棋子。

---

[42] 盧伯華，〈美學者重提「棄台論」 遭學界嘲諷：不切實際 該改行了〉，《中國時報》，2021年5月7日，https://www.chinatimes.com/realtimenews/20210507005280-260409?chdtv。

[43] 張登及，〈時論廣場》不宜對廣義「棄台論」掉以輕心〉，《中國時報》，2021年5月6日，https://www.chinatimes.com/opinion/20210506005804-262104?chdtv。

第三節　台灣有事，即日本有事

除了美國之外，日本是東亞地區唯一有能力及有意願協助台灣對抗中國的國家。近年來，台灣與日本的關係越來越緊密。然而，我國與日本的關係並非一直都是如此友好，日本在過去對台灣並不是非常友善。兩國關係跌宕起伏，時而友好，時而冷淡。此關係的變化端視日本執政者如何評估自身國家利益，做出改變，而非台灣一廂情願示好就能轉變。以下回顧過去日本與台灣關係的發展，並分析爲何日本今日會提出「台灣有事，即日本有事」的說法，並敢於與中國對抗。

一、台灣與日本關係的發展

本節所討論台灣與日本關係的發展，主要從二戰之後的兩國關係論之，此關係可概略分爲以下三個階段。

（一）台日建交時期

此階段是從二戰結束到日本與中華民國斷交。二戰於1945年8月15日結束，戰勝國的中國卻立即陷入慘烈的國共內戰，結果國民政府於1949年12月戰敗而退守台灣。在我政府風雨飄搖之際，立場反共及親國民政府的吉田茂（Shigeru Yoshida）首相與執政自民黨首位幹事長岸信介（Kishi Nobusuke）均主張承認國民政府的正統地位，並與國民政府於1952年4月28日簽訂《中華民國與日本國間和平條約》（以下簡稱《中日和約》）。

《中日和約》的簽訂對於當時處於生死存亡境地的國民政府具有

非常重大的意義。《遠見雜誌》特約資深副總編輯滕淑芬表示，二戰後，英美等48個同盟國準備於1951年在舊金山舉辦和會，與戰敗國日本簽訂和約。因爲當時民主國家英國與極權國家蘇聯等國都已經承認中共政權，故主張將戰勝的中華民國排除在外，而改邀請剛奪取中國政權的中共參加，讓蔣中正甚爲憤怒，發表聲明表示「任何含有歧視性之簽約條件，均不接受」。在我國積極運作、爭取與協商下，終於在《舊金山和約》生效前的七小時三十分鐘簽訂《中日和約》。此和約是東亞地區從戰爭走向和平的分水嶺，也開啓中華民國遷台後立足國際社會的地位。[44]

《中日和約》締結後，我國與日本的外交關係恢復正常，雙方加強各方面的合作，日本成爲台灣第二大貿易夥伴。而且當時爲美蘇兩大超級強權對峙的冷戰時期，由於日本與我國均加入美國領導的自由民主陣營，共同對抗蘇聯領導的共產主義陣營，故當時的台日兩國關係極爲良好。岸信介及佐藤榮作（Eisaku Sato）亦堅決反共，並曾訪問台灣，與前總統蔣中正舉行多次會談，兩國可說是緊密的反共盟友。由此觀之，當時台灣若是有事，日本應該會認爲也是日本的事，而相挺到底。

（二）台日斷交時期

此階段是從台日斷交後，到「311大地震」（又稱東日本大地

---

44 滕淑芬，〈中日和約60週年的時代意義〉，《台灣光華雜誌》，2021年9月，https://www.taiwan-panorama.com/Articles/Details?Guid=1cd93e1d-5662-4d7b-b227-7025110cf276。

震）前的時期。台日友好的關係於1972年發生巨變，因為時任美國國務卿的季辛吉於1971年密訪中國，以及中國加入聯合國與我國退出聯合國後，我國與日本的關係開始發生鬆動。田中角榮（Tanaka Kakuei）於1972年7月繼任佐藤榮作成為日本首相後，決定於當年9月29日與我國斷交並與中共建交。田中角榮不顧當年日本戰敗後，國民政府對日本所採取「以德報怨」的恩情，搶先在美國之前與中國建交。由於當時親國民政府派在日本自民黨裡占據主流，日本與我國斷絕關係，讓日本各界都感到震驚。

日本與我國斷交後，固守「一個中國」政策，採取「政經分離」原則與我國交往，避免與我國進行官方直接往來，但仍維持經濟及民間的往來關係，雙方關係侷限於經濟範疇。[45]中國社會科學院日本研究所金熙德教授在其於2004年出版的著作《二一世紀の日中関係——戦争・友好から地域統合のパートナーへ》一書中，將1972年9月29日中日兩國在北京簽署的《日中共同聲明》中所達成共識的諸項基本原則稱為「七二年體制」。[46]日本於當年12月1日在台灣設立「財團法人交流協會」（2012年4月改制為公益財團法人），我國也設立「亞東關係協會」，作為處理兩國關係的對口單位。

雖然我國多次敦促日本加強與我國關係，但是日本政府非常忌憚

---

45 簡又新，〈我國與日本關係之現況及展望〉，《中華民國外交部》，2002年3月7日，https://www.mofa.gov.tw/News_Content.aspx?n=16&s=78750。

46 淺野和生、何義麟，〈一九七二年體制下日台關係之再檢討——往制定日本版『台灣關係法』目標前進〉，《台灣國際研究季刊》，第3卷第1期，2007年／春季號，頁36。

中國的態度，一直避免在公開場合與我國官員有所接觸。根據英國劍橋大學東亞研究博士候選人廖克杭表示，日本與我國斷交後，台灣彷彿從日本媒體及社會中憑空消失了。台灣人對於日本人的情感，好像是電影《海角七號》裡，阿嘉對友子的「單相思」（片思い）。相對地，大部分日本民眾對台灣的認知，仍停留在民主化之前的國民黨威權統治印象。彷彿過去日本統治五十一年的歷史從未發生過，兩國人民產生所謂「歷史的斷裂」。[47]由此觀之，當時台灣若是有事，日本應該不會認爲是日本的事，並可能避之唯恐不及。

（三）台日關係友好時期

此階段是從「311大地震」後迄今（2023年）。現在日本政府之所以態度大幅轉變，公開表達願意協助台灣對抗中國的可能軍事威脅，基本上有三個原因：第一，日本「311大地震」的因素。台日兩國關係最大的轉折點爲「311大地震」，日本東北地區太平洋近海於2011年3月11日發生規模9.0的大地震，這是人類史上第四大地震，伴隨而來的巨大海嘯，造成大規模的災害及慘重傷亡。台灣各界當時立刻發起募款，民間團體也協助災區重建。根據日方統計，台灣對此次大震災的捐款至少200億日圓（依當時匯率約爲新台幣73億元），遠遠超過各國，居世界各國之冠，[48]因此迄今仍讓日本人一直銘記在

---

47 廖克杭，〈「日本最友台首相」安倍晉三：任內讓台日關係從「單相思」到相互親善〉，《換日線》，2020年9月14日，https://crossing.cw.com.tw/article/13931。

48 〈【311十周年】台灣賑災捐款居世界之冠 重建成果看得見〉，《蘋果新

心，台灣人的善舉也大幅推升兩國的關係。

第二，安倍的個人因素。廖克杭表示，號稱台日斷交後「最友台」的日本首相安倍，對於台日關係發揮很大的影響力，讓對台友好不再是日本政壇的禁忌。[49]在其任內，台日關係有許多重大的突破，例如兩國經歷長達十七年的談判，決定暫時擱置釣魚台12海里的爭議，並於2013年4月10日簽訂《台日漁業協定》。此協定對台灣漁民是一項重大利多，讓漁民的捕魚範圍增加1,400平方海里（約4,530平方公里）。而且對兩國關係有很大助益，故被日方形容為一項「歷史功績」。[50]

日本政府更於2017年1月起，將駐台單位「公益財團法人交流協會」更名為「日本台灣交流協會」，我國也將「亞東關係協會」自同年5月17日起更名為「台灣日本關係協會」。這兩項更名舉動為1972年台日斷交以來，兩國關係最大的突破，因而引起中國的強烈抨擊，其外交部發言人華春瑩強調，中國「堅決反對任何製造『兩個中國』和『一中一台』的企圖，對日方在台灣問題上採取消極舉措表示強烈不滿」。[51]但是中國的不滿並未動搖日本政府的決心，可見安倍對台

聞網》，2021年3月11日，https://tw.appledaily.com/international/20210311/GMDZA3RJ3VB5LOCBLCHBKC3ZFI/。

49 廖克杭，〈「日本最友台首相」安倍晉三：任內讓台日關係從「單相思」到相互親善〉。

50 〈《台日漁業協定》達陣〉，《台灣光華雜誌》，2013年5月，https://www.taiwan-panorama.com/Articles/Details?Guid=7e1a5370-06ad-4c6f-bc41-07d9a84e473f&CatId=10。

51 〈中國「強烈不滿」日本駐台灣機構更名〉，《BBC中文》，2016年12月28日，https://www.bbc.com/zhongwen/trad/world-38450738。

灣關係的重視。

此外，在新冠肺炎蔓延全球之際，日本與美國、加拿大、歐盟及其他國家，發聲支持我國參加「世界衛生大會」（WHA）。安倍及日本副首相麻生太郎、日本官房長官菅義偉、日本外務大臣茂木敏充等不畏中國施加的壓力，多次在各種場合公開為台灣仗義執言。[52]例如安倍於2020年1月17日公開發言支持台灣參與WHA，翌日他更在眾議院公開提到，已經將這個問題告知秘書長譚德塞。接著他又於1月30日出席參議院質詢時公開挺台灣加入「世界衛生組織」（WHO）。[53]

安倍於2020年8月28日下台後，由其任內的官房長官菅義偉於同年9月14日當選為首相。菅義偉持續安倍的親台政策，並於2021年4月16日訪美、與拜登總統舉行會談之後的聯合聲明中，明載「台灣海峽和平與穩定的重要性」的字句。這是繼1969年11月1日，時任美國總統尼克森與日本首相佐藤榮作會談後，美日聯合聲明再度寫入台灣。針對此事，中國駐美使館立即表達強烈不滿與反對。[54]

之後，菅義偉的防衛大臣岸信夫於2021年6月24日接受《德國

52 丘采薇，〈森喜朗不畏洗腎仍率團來台 代安倍轉達這句話給蔡英文〉，2020年8月9日），《聯合新聞網》，https://udn.com/news/story/121578/4768129。

53 楊清緣，〈公開力挺台灣參與WHA！安倍晉三：我已親自告訴譚德塞〉，《新頭殼》，2020年4月30日，https://newtalk.tw/news/view/2020-04-30/399460。

54 張文馨、林汪靜，〈52年來聯合聲明首提台灣 美日同盟關切台海〉，《聯合報》，2021年4月18日，https://udn.com/news/story/122124/5395825。

之聲》訪問時，就中國在一天內派遣28架軍機進入台灣防空識別區（ADIZ）時表示，台灣的安全與日本的安全直接相關，日本密切關注中國與台灣的關係及中國的軍事行動。接著，防衛副大臣中山泰秀6月28日接受華府智庫「哈德遜研究所」專訪時表示，「台灣不只是日本的朋友，我們是兄弟！」與「必須保護台灣這個民主國家」。接著，日本副首相兼財務大臣麻生太郎於7月5日更明言：中國若侵犯台灣，將視爲「存立危機事態」，日美就必須一起防衛台灣。渠等言論立即引來北京的反彈，中國外交部稱此爲「錯誤言論」、「已向日方提出嚴正交涉」。[55]

另外，日本在台灣最需要疫苗對抗新冠肺炎之際，率先於2021年6月4日捐贈英國阿斯特捷利康（AstraZeneca）藥廠製的疫苗124萬劑。此舉立即引來中國的抗議，其外交部發言人汪文斌痛批稱，日本捐贈疫苗是「搞政治作秀，干涉中國內政」。但是日本不理會中國抗議，又於7月8日、7月15日再度捐贈台灣113萬劑及100萬劑AZ疫苗，總捐贈數達337萬劑之多，台灣各界對於日本的捐贈疫苗之舉甚表感激。有專家學者認爲，日本的疫苗捐贈讓中國展開的對台疫苗攻勢破局。

近年來，台日兩國的非官方交流非常密切。例如安倍的母親洋子夫人從2017年到2019年，連續三年參加我國駐日代表處在東京舉辦

---

55 李忠謙，〈「台灣不只是日本的朋友，我們是兄弟！」日本防衛副大臣談中國威脅，中山泰秀：必須保護台灣這個民主國家〉，《風傳媒》，2021年6月29日，https://www.storm.mg/article/3782450?page=1。

的國慶酒會。「日本台灣交流協會」會長大橋光夫致詞時就公開稱，洋子夫人以「安倍的代理人」來場祝賀；[56]前總統李登輝於2020年過世時，日方指派前首相森喜朗來台灣弔唁；安倍於2022年7月8日遇刺身亡，副總統賴清德受安倍家邀請，代表蔡英文總統7月12日飛赴日本，前往安倍家弔唁，成爲1972年我國與日本斷交以來，除李登輝在1985年以副總統身分非正式訪問日本之外，赴日最高層級的現職官員。[57]日本政府於9月20日爲安倍舉辦國葬禮時，我國亦派「台灣日本關係協會」會長蘇嘉全等人前往祭奠。

第三，恐懼中國的因素。其實這才是促成日本對台灣關係轉變最重要的因素，因爲有共同的敵人，才會促成兩個國家互爲幫助，前述的兩個因素只是輔助與促進因素而已。前面章節已提及，由於日本與中國有地緣上的「安全困境」，以及二戰期間所留下深仇大恨的「歷史困境」，日本深恐一旦中國強大到足以奪取台灣，勢必危及其在東亞地區的強權地位，並趁機進行報復。沖繩縣石垣市市長中山義隆在受訪時就表示，共軍若武力犯台，同時攻打釣魚台（日本稱尖閣諸島）的可能性極高。[58]故可以預見，一旦台灣遭受中國的軍事攻擊，

---

56 林翠儀，〈日相安倍之母連3年參加我駐日代表處國慶酒會〉，《自由時報》，2019年10月8日，https://news.ltn.com.tw/news/politics/breakingnews/2940810。

57 聯合新聞網，〈37年來訪日最高層級！賴清德以「家屬親友」身分弔唁安倍〉，《遠見雜誌》，2022年7月12日，https://www.gvm.com.tw/article/91856。

58 林翠儀，〈日本熱議／台灣有事撤僑問題 可成台日安保對話切入點〉，《自由時報》，2022年8月22日，https://news.ltn.com.tw/news/politics/paper/1535923。

日本應該會出面相助，並敦促美國出手協助。

因此已故日本前首相安倍就公開說出：「台灣有事，即日本有事，也就是日美同盟有事。」日本內閣會議於2021年7月13日通過的《2021年版防衛白皮書》（日本稱《令和3年版防衛白書》）中，首次將台灣從「中國」章節抽離，放入「美中關係」章節，明確提到台灣局勢穩定，對日本安全保障與國際社會的穩定都很重要；並稱中國在台灣周邊的軍事行動趨於頻繁，讓兩岸的軍事緊張升高。此白皮書引起中國反彈，中國外交部發言人趙立堅於當日的例行記者會上，批評日本在最新國防白皮書中納入台海安全。

讓日本體會「台灣有事，即日本有事」最深的事件，莫過於裴洛西議長於2022年8月2日至3日訪問台灣之後，共軍於8月4日至10日期間，對台灣發動史無前例的「圍台軍演」，其火箭軍甚至向台灣北部、南部及東部周邊海域，發射11枚東風系列近程彈道飛彈，其中五枚落在日本的專屬經濟海域（EEZ）。日本外務省事務次官森健良透過電話向中國駐日大使孔鉉佑表達日本「強烈抗議」，並要求中方立即停止軍演。[59]

前五角大廈官員、現任華府智庫「戰略與預算評估中心」（CSBA）主席曼肯（Thomas G. Mahnken）分析，北京希望提醒華府，共軍不僅能夠打擊台灣，還可打擊在該地區的美軍基地，例如日

59 羅苑韶，〈方抗議並要求停止軍演〉，《上報》，2022年8月4日，https://www.upmedia.mg/news_info.php?Type=3&SerialNo=150960。

本沖繩嘉手納空軍基地，以及任何前來馳援的陸戰隊，同時提醒日本，駐日美軍使日本也成為目標。中國軍事專家宋忠平在接受日媒《共同社》的專訪時表示，這次軍演最大的意義是震懾台獨，警告域外勢力，包含美日不要干涉中國內政。[60]他並強調，與1996年的台海第三次危機相比，共軍的作戰實力、軍事能力、武器裝備性能今非昔比。[61]

日本國會跨黨派友台議員團體「日華議員懇談會」會長古屋圭司、「日華議員懇談會」事務局局長木原稔於2022年8月22日抵台訪問。古屋圭司出發前推文直指，中國脫離常軌的軍事挑釁行動冒犯台灣和東亞地區，面對這樣的風險，共享價值國家的密切合作至關重要。他在拜會時任行政院院長蘇貞昌時表示，對於共享自由、民主、法治等價值的國家來說，大家都關注台海的和平穩定，絕不容許受到侵犯。他並再度強調安倍的名句，「台灣有事就是日本有事，等同日美同盟有事」。[62]

二、日本如何應對台灣有事

雖然日本擁有很強的軍事能力，但若要幫台灣對抗解放軍，還是

---

60 陳宛貞，〈5飛彈落日本經濟海域 紐時分析中國用意：警告美日「勿援助台灣」〉，《ETtoday新聞雲》，2022年8月5日，https://www.ettoday.net/news/20220805/2309726.htm。

61 中央社，〈飛彈落入日本近海 專家：警告不要干預台灣問題〉，《新頭殼》，2022年8月24日，https://newtalk.tw/news/view/2022-08-24/806317。

62 呂伊萱、涂鉅旻，〈日華懇會長訪台：台海和平不容侵犯〉，《自由時報》，2022年8月23日，https://news.ltn.com.tw/news/politics/paper/1535922。

必須要有美國的協助，才能有效遏制中國的軍事行動。安倍深知此情形，因此他才會說：「台灣有事，即日本有事，也就是日美同盟有事。」俗話說：「外行人看熱鬧，內行人看門道。」當安倍說出：「台灣有事，即日本有事，也就是日美同盟有事」這句話時，一般國人多只關注前面的兩句：「台灣有事，即日本有事」，國內媒體並大肆報導稱，這是安倍力挺台灣對抗中國的明確立場。

但是安倍是一位重量級的國際政治人物，而且擁有很高的戰略眼光，他說出這句話並非在譁眾取寵，刻意討好台灣人，而是具有深層的含意。其實這句話的重點是在後面的第三句「也就是日美同盟有事」。因爲安倍深知一旦台灣有事，中國絕對不會放過日本，日本一定會有事，無法置身事外，故必須將美國也拉進來。他這句話不但是說給台灣人聽，更是說給老大哥美國人聽，提醒美國人要履行保護台灣與日本的承諾。

例如，對於拜登於2022年5月23日在訪問日本時，公開表達願意以武力保衛台灣的承諾。安倍就評論稱，若美國清楚表明會介入台海衝突，中國應該會放棄武力侵台的打算，因爲中國並不想與美國開戰。台灣與日本在地理上甚爲接近，只相距110公里，若台灣爆發戰爭，對日本及其盟邦來說，即對日本與美國而言會是緊急狀態（Emergency Situation）。他進一步表示，曾向美國提出「核共享」策略，同意美國在日本部署核武，以確保日本的國家安全。[63]

---

63 簡恒宇，〈拜登表明美國會協防台灣 日本前首相安倍晉三：美國考慮改變戰略模糊的訊號〉，《自由時報》，2022年5月25日，https://is.gd/LEuxwb。

美國亦希望有盟國一起對抗中國以分攤負擔，因為中國現在的軍力不容小覷。根據知名軍事網站《全球火力》（*Global Firepower*）於2022年所公布的全球軍力排名顯示，在142個國家中，前五名國家分別為美國、俄國、中國、印度與日本。[64]曾在川普執政時期擔任駐韓大使的前美軍太平洋司令哈里斯，在接受日本《朝日新聞》專訪時就暗示，如果美國與其他的「台灣友人」介入，就可以阻止中國擴張的企圖。他所稱的「台灣友人」就是指日本。[65]

美國國防部部長奧斯汀與日本防衛大臣岸信夫曾在會談中承諾，台海發生緊急事態時，兩國將密切合作應對。香港《南華早報》分析稱，這是因為一旦中國準備攻擊台灣，勢必先朝嚇阻力量龐大的駐日美軍基地出手；再者，台海是日本能源和貿易的重要航道，萬一台海「出事」，也會重創日本。美國智庫「蘭德公司」安全專家何天睦（Timothy Heath）甚至表示，若北京決定攻台，可能對沖繩等日本各地美軍基地發射大量飛彈，因為駐日美軍擁有干預及重創共軍的強大實力。[66]

日本政府於2021年7月13日公布的《2021年版防衛白皮書》中，

---

[64] 林翠儀，〈前美軍太平洋司令哈里斯：美與其他台灣友人介入可阻中國擴張〉，《自由時報》，2022年8月18日，https://news.ltn.com.tw/news/politics/paper/1535001。

[65] "2022 Military Strength Ranking," *Global Firepower*, February 5, 2022, https://www.globalfirepower.com/countries-listing.php.

[66] 孫宇青，〈中國一旦攻台 《南早》分析：牽涉安全經濟利益 日本勢必助台〉，《自由時報》，2021年3月28日，https://news.ltn.com.tw/news/world/breakingnews/3481805。

除了大篇幅分析中國軍力之外，並介紹與盟國間的軍事交流，尤其是強調日美合作，頗有與中國對抗的意味。白皮書中並首次明確提及，台灣的安全與穩定對於保障日本的安全以及國際社會安定十分重要。此外，由於中國在2020年以後幾乎天天闖進釣魚台海域，加上2021年2月中國正式實施《海警法》，明令中國海警得以使用武器。因此日本防衛大臣岸信夫在白皮書開頭中提到，中國試圖在東海與南海改變現狀，其海警船幾乎每天都入侵「日本領海」，還接近在領海作業的日本漁船，狀況相當嚴峻。[67]

接著，日本內閣於2022年7月22日批准《2022年（令和4年）防衛白皮書》。日本防衛省向財務省提出2023年的防衛預算高達5兆5,947億日圓（約新台幣1兆2,332億元），創下歷史新高。其中，改良陸上自衛隊「12式陸基反艦飛彈」以制衡中國，最令人矚目。[68]此外，白皮書對台灣安全部分的記述多達10頁，比2021年版增加了兩倍，也是防衛白皮書就台灣問題記述最多的一次，更首次明確指出：「台灣情勢的穩定對日本安全保障和國際社會的穩定至關重要」。而且2022年版本再加入「透過武力改變現狀是世界共通的問題，日本將與同盟國美國、友好國家和國際社會合作，進一步密切關注相關趨勢」。[69]

---

[67] 陳威臣，〈【日本2021年度防衛白皮書】防衛大臣岸信夫：中國對日本及周邊國家的威脅「令人無法接受」！〉，《上報》，2021年7月13日，https://www.upmedia.mg/news_info.php?Type=3&SerialNo=118513。

[68] 黃惠華，〈台日軍費暴增能抗中？〉，《中國時報》，2022年8月31日，https://www.chinatimes.com/opinion/20220831005102-262104?chdtv。

[69] 林翠儀，〈日新版防衛白皮書出爐 台灣內容倍增〉，《自由時報》，2022年7月22日，https://news.ltn.com.tw/news/world/breakingnews/4000363。

爲了對抗與日俱增的中國武力威脅，日本近年來積極加強軍備。日本媒體報導，新造的神盾艦計畫配備日製長程巡弋飛彈，射程將達1,000公里。而且，日本政府爲加強距外（Standoff）防衛能力，2020年12月決定發展「視距外飛彈」（Standoff Missile），[70]包括改良「12式陸基反艦飛彈」，以及研發地對地「高速滑翔彈」等，其中「12式陸基反艦飛彈」從原先的200公里射程，提升至約900至1,500公里，除了用於防衛日本國土，增程型的「12式陸基反艦飛彈」將具有反擊敵方基地的能力。《每日新聞》報導，由於中國的軍事威脅升高，促使日本加速開發腳步，改良版的「12式陸基反艦飛彈」原本預定2026年量產部署的時間表，可望提前到2023年。[71]

根據《日經亞洲》（*Nikkei Asia*）報導，從2021年起，日本多家私人智庫與研究機構舉辦多次閉門會議，由國會議員、前官員、前自衛隊隊員等各方專業人士，分別扮演美中日台角色，進行紙上兵棋推演，並得出多項結論。其中一項結論爲日本必須建立一個首相、防衛大臣等主要內閣成員能夠快速取得相關資訊、並且展開行動的機制，以針對何時下令自衛隊出動、如何回應美軍請求合作，以及何時啓動停火及和平談判等問題做出決策。[72]

---

[70] 又譯爲「遠攻飛彈」、「遠射飛彈」、「遠攻飛彈」、「戰區外飛彈」、「防區外飛彈」。

[71] 林翠儀，〈日新神盾艦 擬搭載射程1000公里長程飛彈〉，《自由時報》，2022年8月18日，https://news.ltn.com.tw/news/world/paper/1534970。

[72] 孫宇青，〈日經：因應台灣有事 日本需做更多〉，《自由時報》，2022年8月22日，https://news.ltn.com.tw/news/world/paper/1535756。

日本政府爲了防範台灣有事而危及日本的安全，積極對其西南諸島加強軍事部署。例如日本防衛大臣濱田靖一於2022年9月6日接受日本媒體《經濟新聞》專訪時表示，將在南西諸島地區增設燃料庫與彈藥庫，做好因應「台灣有事」的準備，透過增強持續戰力來提高嚇阻力量。[73]陸上自衛隊的反艦與防空飛彈部隊於2023年3月16日進駐距離台灣僅約322里的沖繩縣石垣島，規模將達570人，這是自衛隊首次在石垣島設置據點。[74]

而且，鑑於自殺無人機在俄烏戰爭中的優秀表現，日本防衛省計畫於2023年引進以色列航太公司製造的「哈洛普」（Harop）或美國航空環境公司（AeroVironment）公司的「彈簧刀300型」（Switchblade 300）自殺無人機，部署在西南諸島。[75]另外，日本政府顯然非常擔憂中國一旦武力侵台，會影響日本離島居民的安全。故沖繩縣於2023年3月17日首度針對可能「台灣有事」時，對先島群島居民（包含宮古群島、八重山群島）進行疏散模擬演練，預估六天內可讓約12萬人撤離至九州。[76]

---

73 林翠儀，〈預備台灣有事 日增設西南群島彈藥燃料庫〉，《自由時報》，2022年9月7日，https://news.ltn.com.tw/news/world/paper/1538798。

74 林翠儀，〈預防台灣有事 日自衛隊今駐石垣島〉，《自由時報》，2023年3月16日，https://news.ltn.com.tw/news/world/paper/1572300。

75 郭正原，〈強化西南諸島防衛能力 日本計畫引進美、以兩國自殺無人機〉，《上報》，2022年9月4日，https://www.upmedia.mg/news_info.php?Type=3&SerialNo=154157。

76 〈沖繩首度演練「台灣有事」疏散居民 估6天撤12萬人〉，《中央社》，2023年3月18日，https://www.cna.com.tw/news/aopl/202303180067.aspx。

雖然日本積極發展對抗中國的武力，並稱「台灣有事，即日本有事」，但是日本政府卻沒有與台灣進行實質的軍事合作關係，此可能是因爲日本政府仍然忌憚中國政府的態度。台灣國際戰略學會副研究員黃惠華表示，台日雙雙調高軍費，都要發展不對稱戰略「抗中」，但實際上台日安全合作就像是兩條平行線，一個中國各自對抗，沒有交集。雖然日本國會議員經常走訪台灣，但不代表官方立場的國會議員「對話」可能淪爲空談。因此，台日需要思考建立安全領域可持續性的官方對話「機制」。[77]

由此可知，日本雖然有意願及能力協助台灣抵抗中國的可能軍事侵略，但是仍然非常忌憚中國的態度，對台灣實質的支持仍有顧忌。例如迄今日本仍未與台灣進行軍事合作，包括軍事人員交流、聯合軍演、軍事科技合作等。日本政府僅派退役軍官，而非現役軍官在「日本台灣交流協會」擔任武官，進行軍事交流。而且，正當我國積極建造潛艇，建立自己的不對稱戰力，許多國家紛紛協助我國，包括美國、英國、南韓、印度、西班牙與加拿大等國家，然而擁有先進潛艇建造技術的日本卻未參與其中。

第四節　澳洲與加拿大對台灣的可能協助

澳洲與加拿大是少數幾個有能力與意願協助台灣的亞太國家，它們在外交上一直是美國的好夥伴，尤其在對抗中國勢力的崛起，亦跟

---

[77] 黃惠華，〈台日軍費暴增能抗中？〉。

隨美國的腳步，並時常表達對台灣的支持，以致遭到中國的騷擾。例如加拿大與澳洲偵察機頻頻受到中國軍機干擾，加拿大《環球新聞》（Global News）於2022年6月1日報導，中國戰機在公海上頻頻刻意逼近正在執行聯合國任務的加國偵察機；澳洲國防部亦於同年6月5日表示，澳洲偵察機在南海國際空域巡邏時，遭到中國軍機侵略性地攔截；澳洲與加拿大兩國政府都曾向北京表達譴責。[78]

一、澳洲對台灣的可能協助

澳洲不但是「澳英美三邊安全協議聯盟」（AUKUS）的一員，亦是「四方安全對話」（QUAD）的成員；這兩個組織都是由美國領導，對抗中國軍事威脅的安全組織。由於近年來澳洲政府跟隨美國，採取反中政策，導致澳洲與中國關係惡化。由於澳洲政府高層官員於2020年4月26日開始，多次公開倡議要求國際調查新冠肺炎起源與中國處理疫情的方式，引發中國當局不滿，對澳洲下達貿易禁令，包括大麥、葡萄酒、牛肉、棉花與煤炭等產品出口都受到衝擊。[79]中國進一步於2021年5月6日宣布，無限期停止與澳洲戰略經濟對話機制下一切活動，等於全面斷絕與澳洲的友好合作關係，兩國關係跌入建交以

---

[78] 安吉，〈愈玩愈超過的「灰色地帶」加拿大、澳洲控中國飛行員不專業且危險〉，《地球圖輯隊》，2022年6月13日，https://dq.yam.com/post/14964。

[79] 郭宜欣，〈大陸制裁眞有用？專家1數據爆中澳貿易戰眞相 結果超意外〉，《中時新聞網》，2021年10月28日，https://www.chinatimes.com/realtimenews/20211028002238-260410?chdtv。

來的谷底。[80]

而澳洲當局則對於中國侵入其在南太平洋地區的勢力範圍，備感威脅。2022年4月19日，中國與所羅門群島兩國政府分別證實，雙方已簽署雙邊安全合作框架協議，讓被蒙在鼓裡的美國與澳洲甚感錯愕。由於所羅門群島長期被視爲澳洲的勢力範圍，此事可說是澳洲的「後花園失火」。在野的工黨抨擊謀求連任的自由黨總理莫里森（Scott Morrison），稱這是「二戰結束之後，澳洲太平洋外交政策中最嚴重的失敗」。[81]後來莫里森領導的自由黨於同年5月21日的大選中敗選，他亦辭去自由黨黨魁。《澳洲金融評論》就認爲，當中國與索羅門群島簽訂安全協定，讓莫里森政府的國家安全政策可信度受到質疑。[82]

雖然澳洲與中國距離遙遠，但是根據《中央社》報導，「澳洲協會」（Australia Institute）進行一項名爲「澳洲是否應該與中國戰爭以協防台灣」（Should Australia go to war with China in defence of Taiwan?）的意見調查，並於2021年7月9日發表的報告顯示，澳洲竟然有高達四成民眾認爲，中國解放軍會攻打澳洲；同時亦有接近四成

---

80 盧伯華，〈頭條揭密》澳洲與中國關係是如何走到翻臉這一步〉，《中時新聞網》，2021年5月7日，https://www.chinatimes.com/realtimenews/20210507000792-260407?chdtv。

81 葉德豪，〈所羅門群島北望中國 澳洲「後花園」失守的啓示灣〉，《香港01》，2022年4月22日，https://is.gd/LTUpOF。

82 霧谷晶策，〈澳洲總理莫里森慘敗下台，工黨新政府外交親美大方向不變、對中可能相對溫和〉，《關鍵評論》，2022年5月25日，https://www.thenewslens.com/article/167264/fullpage。

澳洲人贊成派兵協助台灣抵擋中國的併吞。莫里森於當年5月6日向媒體表示，澳洲政府對台灣政策將堅定不變，如中國武力侵犯台灣，澳洲將會履行支援美國及盟友的承諾。[83]

因此，在亞太國家中，除了美國、日本之外，最有可能協助台灣對抗中國武力侵犯的國家就是澳洲。隸屬美國國會的「美中經濟暨安全檢討委員會」（US-China Economic and Security Review Commission, USCC），於2021年2月18日舉辦的線上研討會時，針對「中國出兵攻擊台灣時，美國盟邦將會如何反應」的問題，美國國防部諮詢智庫「蘭德公司」資深研究員林碧瑩表示，若中國眞的攻打台灣，屆時周邊國家恐怕只有日本與澳洲會挺身相助，如允許美軍進駐該國的軍事基地，甚至有可能直接出兵參戰，而其他亞洲國家可能會保持中立，或提供有限度的支援，如情報分享、後勤支援、或人道救援行動等。[84]

在俄烏戰爭中，澳洲就採取堅定支持烏克蘭的立場。莫里森曾於2022年4月1日宣布將援助烏克蘭澳洲的「巨蝮蛇」（Bushmaster）輪型裝甲運兵車；新任的總理艾班尼斯（Anthony Albanese）甚至於7月3日親自前往烏克蘭並與總統澤倫斯基會面，他宣布向烏克蘭提供一

83 丘德眞，〈智庫：近4成澳洲人憂解放軍來襲和贊成協防台灣〉，《中央社》，2021年7月9日，https://www.cna.com.tw/news/aipl/202107090109.aspx。

84 李忠謙，〈中國如果攻打台灣，哪些國家會幫忙協防？美學者：日本澳洲可能出兵相助，但國際如何反應關鍵仍在美國〉。

系列新的援助計畫，金額高達1億美元。[85]雖然不能因爲澳洲援助烏克蘭，就判定澳洲也一定會在台灣危急時進行援助，但是不可否認，澳洲是世界上少數敢與中國相對抗的國家。

美國防長奧斯汀於2022年10月1日在夏威夷與澳洲防長馬勒斯（Richard Marles）、日本防相濱田靖一舉行會談，指出中俄等國對國際秩序造成挑戰，三方就協調安全戰略以促進「自由開放印太地區」的穩定繁榮達成共識。奧斯汀表示：「我們深感關切中國在台灣海峽與其他地區日益高漲的跋扈。」三方一致同意，爲提高日本自衛隊與美軍、澳軍的相互運用，將強化聯合訓練、情報交換與技術合作。《日經新聞》指出，三國防長會談自6月於新加坡舉行以來，迄今（2022年10月）僅四個月，步調之快前所未有，這也反映對中國強化軍事行動的危機感。[86]

另外，澳洲爲了進一步對抗中國的軍事威脅，於2023年3月13日，總理艾班尼斯與美國總統拜登、英國首相里蘇納克（Rishi Sunak）在加州聖地牙哥洛馬角海軍基地參加AUKUS峰會三方會議，並發表聯合聲明稱，美國與英國將協助澳洲建造一支至少八艘核動力潛艇的艦隊。中共外交部發言人汪文斌於翌日批評稱，美英澳三國潛艇合作構成嚴重核擴散風險，違反《禁止核武器擴散條約》的目的和

---

[85] 曾品潔，〈澳總理會澤連斯基 宣布提供烏克蘭29.7億一系列援助計畫〉，《新頭殼》，2022年7月4日，https://newtalk.tw/news/view/2022-07-04/780085。

[86] 朱紹聖，〈美澳日加強軍事合作 防台海有事〉，《中國時報》，2022年10月3日，https://www.chinatimes.com/newspapers/20221003000550-260303?chdtv。

宗旨，並表示「堅決反對」。

二、加拿大對台灣的可能協助

加拿大近幾年與中國關係急遽惡化，尤其是加國政府於2018年12月1日在溫哥華機場，將華爲財務總監孟晚舟予以拘押，更是引起兩國關係緊張。爲了報復加國逮捕孟晚舟，北京以涉嫌刺探情報爲由，拘留旅居中國的加國前外交官康明凱（Michael Kovrig）與商人史佩弗（Michael Spavor）。而且，中國大連中級人民法院於2019年1月14日推翻2018年11月20日判處走私毒品的加拿大籍男子謝倫伯格（Robert LloydSchellenberg）有期徒刑十五年的判決，改判爲死刑，引起加國輿論譁然。[87]

在香港「反送中」運動期間，加國外交部於2019年8月18日針對香港事務發表聯合聲明，呼籲中國政府基於《香港基本法》與國際協議賦予香港民眾和平集會的自由，並在「一國兩制」的前提下讓香港得以高度自治。中國駐加拿大大使館於翌日發出聲明，警告加國政府不要對香港事務發表評論，干涉中國內政，要求加國政府對香港問題謹言愼行。總理杜魯道（Justin Trudeau）亦公開表示，希望中國政府與香港人民展開對話。中國外交部與中國外交部駐香港公署則分別回應，表示加國屢次議論香港事務，干涉中國內政，要求加國停止拿香

[87] 古莉，〈加拿大總理特魯多：不會向中國讓步〉，《法國國際廣播電台》，2019年8月22日，https://is.gd/A9fOHz。

港事務「刷存在」。[88]

而台灣與加國的關係在新冠肺炎疫情期間則逐漸升溫，加國朝野紛紛表達支持台灣加入國際組織，在台灣於2020年4月28日宣布捐贈加國50萬片口罩次日，副總理方慧蘭（Chrystia Freeland）於國會重申加國政府支持台灣成為WHA觀察員的明確立場。[89]2022年5月14日，在多倫多台灣僑界舉辦的「人類健康與醫療人權——談台灣參與WHO」講座中，加國六位聯邦參眾議員各自透過錄影致詞，表達支持台灣加入WHO的立場。[90]總理杜魯道於5月18日在國會回覆議員質詢時，表態支持台灣參與WHA及「國際民航組織」（ICAO）。[91]

近年來，加拿大主流媒體常呼籲加國政府應該多加支持台灣，例如《多倫多星報》（*Toronto Star*）於2021年12月21日刊出社論，呼籲加國政府採取行動對抗中國威權，強化與台灣的政治及直接外交關係，拓展與台灣更密切的經貿關係，包括洽簽自由貿易協定。[92]在

---

88 〈反送中》加拿大籲各方對話 中國：別拿香港「刷存在」〉，《自由時報》，2019年8月22日，https://news.ltn.com.tw/news/world/breakingnews/2893103。

89 胡玉立，〈加拿大副總理方慧蘭 重申支持台灣為WHA觀察員〉，《中央社》，2020年4月30日，https://www.cna.com.tw/news/firstnews/202004300077.aspx。

90 胡玉立，〈加拿大6位國會議員挺台：該讓台灣參與WHA〉，《中央社》，2022年5月16日，https://www.cna.com.tw/news/aopl/202205160057.aspx。

91 程遠述，〈加拿大總理挺台參與WHA 外交部致謝：持續深化合作〉，《聯合報》，2022年5月20日，https://udn.com/news/story/6656/6327586。

92 胡玉立，〈加媒社論：加拿大應對抗中國 強化對台政治外交關係〉，《中央社》，2021年12月23日，https://www.cna.com.tw/news/aipl/202112230015.aspx。

裴洛西議長訪台，中國升高對台威脅之際，加國大報《國家郵報》（*National Post*）於2022年8月10日以頭版頭條刊登題爲〈台灣奮力抵抗中國威權擴張之際，加國必須支持台灣〉（Taipei Asserts Itself when tension in the Taiwan Strait: Canada must support Taiwan）的評論，呼籲加國支持台灣，彰顯共同的民主價值。[93]

另外，加國政府爲展現對台灣安全的具體支持，派遣軍艦與美國軍艦一同通行台灣海峽。根據《中央社》2021年10月27日報導，我外交部公開證實，美國海軍驅逐艦「杜威號」與加國皇家海軍巡防艦「溫尼伯號」於10月14日、15日首度共同穿越台灣海峽。[94]另外，美國國防部發言人、空軍準將萊德（Patrick Ryder）於2022年9月20日表示，美國海軍導彈驅逐艦「希金斯號」（USS Higgins）與加國皇家海軍護衛艦「溫哥華號」（HMCS Vancouver），於當日通過台灣海峽。他並稱，依據國際法，公海航行與飛越自由適用於此水域。[95]加國國防部媒體關係處處長包舍利耶（Daniel Le Bouthillier）表示，此航行完全符合《聯合國海洋法公約》規範的公海航行權。[96]

---

93 〈加拿大主流大報「國家郵報」刊登專文 呼籲加國支持台灣彰顯民主價值〉，《中華民國駐多倫多台北經濟文化辦事處》，2022年8月11日，https://www.roc-taiwan.org/cayyz/post/10172.html。

94 游凱翔，〈外交部證實：美加軍艦14日共同穿越台灣海峽〉，《中央社》，2021年10月27日，https://www.cna.com.tw/news/firstnews/202110270111.aspx。

95 藍孝威，〈美國與加拿大軍艦昨通過台灣海峽 陸東部戰區回應〉，《中國時報》，2022年9月21日，https://www.chinatimes.com/realtimenews/20220921001484-260409?chdtv。

96 李寧怡，〈拜登四度表態協防台灣後 美加軍艦首次共同通過台灣海峽〉，《Yahoo》，2022年9月21日，https://is.gd/KndH62。

這是在拜登於2022年9月18日第四次表示，如果台灣受到中國攻擊將保衛台灣後，美國與加國再度派遣軍艦連袂航行通過台灣海峽。美國第七艦隊的一份聲明補充稱：「『希金斯號』與『溫哥華號』通過台灣海峽，證實美國及其盟國和夥伴對自由開放的印太地區的承諾。」解放軍東部戰區新聞發言人施毅陸軍大校表示，該戰區派遣海空軍全程跟監警戒，反制一切威脅挑釁，堅決捍衛國家主權與領土完整。[97]加國軍艦與兩度與美國軍艦共同穿越台灣海峽，展現對我國的支持態度。

在俄烏戰爭中，加國與澳洲一樣，採取堅定支持烏克蘭的立場。加國國防部部長安南德（Anita Anand）於2022年4月28日稱，加國軍援四門M777榴彈砲與遠程導引砲彈「神劍」（Excalibur），並提供烏國士兵相關的訓練。[98]杜魯道並於同年5月8日親自造訪烏克蘭，並與總統澤倫斯基會面表達支持的立場。杜魯道在會後記者會中宣布，加國將為烏克蘭提供更多軍援，包括無人機、衛星照片、輕型武器及彈藥，以及其他各式支援，同時對入侵行動有關的俄國人及組織實施新制裁。[99]由此可見，加國是世界上敢公開對抗極權政權的民主國家之一。一旦台海若爆發戰爭，加國非常有可能會見義勇為支援台灣。

---

97 藍孝威，〈美國與加拿大軍艦昨通過台灣海峽 陸東部戰區回應〉。

98 張君堯，〈加拿大國防部長親口證實！提供並培訓烏軍使用榴彈砲〉，《經濟日報》，2022年4月29日，https://money.udn.com/money/story/5599/6275971。

99 〈加國總理出訪基輔 宣布更多軍援及制裁名單〉，《自由時報》，2022年5月9日，https://news.ltn.com.tw/news/world/breakingnews/3919892。

第五節　歐洲國家對台灣的可能協助

一、歐洲國家過去對兩岸的態度

歐洲國家過去對兩岸的態度非常不同，基本上爲「重中輕台」，亦即重視中國，而忽略台灣。最主要原因是，中國廣大的市場與蓬勃的經濟吸引歐洲國家與中國進行經貿往來，或前往中國投資；同時，中國亦強化對歐洲國家的經貿投資關係。中國與歐洲國家的經貿關係加深，連帶地促進雙方外交關係的提升。中國國家主席習近平2014年首次對歐洲四國進行國是訪問（State Visit），開啓中歐合作的新時代，當時歐洲議會議長稱這是「令人歡迎的信號，表明中國新領導人重視加強中歐夥伴關係」。[100]

中國於2014年剛設立「亞洲基礎設施開發銀行」（簡稱亞投行）之際，當時尚是歐盟成員國的英國，竟然不顧美國的反對，於翌（2015）年3月12日率先宣布希望加入該機構，立刻帶動大批歐洲國家紛紛效仿，成爲一個劃時代的標誌性事件，也開啓了歐盟改善與中國關係的開端。[101]另外，德國過去亦非常積極地投資中國大陸市場，尤其是前總理梅克爾（Angela Merkel）主政時，積極推動德中經濟友好，使中國於2016年成爲德國最大貿易夥伴，2021年雙邊貿易額更高

---

[100]〈CNN：中國一度想聯歐抗美 如今與歐關係極度低迷〉，《中央社》，2022年7月18日，https://www.cna.com.tw/news/aopl/202207180316.aspx。

[101]〈中國與歐盟的關係正在發生深遠的變化〉，《BBC中文網》，2017年6月20日，https://www.bbc.com/zhongwen/trad/world-40345979。

達2,450億歐元。[102]

而且，向來重視人權的歐洲國家紛紛放棄對中國侵犯人權進行批評；歐盟於2017年首次未在聯合國人權理事會上發表聲明批評中國侵犯人權。此現象顯示在國際經濟與政治格局變化下，中國與歐洲的關係經歷時代性的變化。在倫敦舉行的一次商業論壇中，英國前首相布朗竟然表示，中國改革開放讓數億人脫貧致富，就是最大的人權。《BBC中文網》表示，這種說法原本是中國官方在人權問題上的辯辭，現已經被歐洲各界不少高層人士接受並且認同，認爲中國多數人的發展權益，比部分個人與團體的自由權益更爲重要。[103]

相對歐洲國家對中國熱絡的態度，它們對待台灣則相對冷落。台灣與許多歐洲國家雖然有密切的經貿與非官方關係，但是在過去，台灣一直是歐洲政治圈的禁忌話題。例如台灣女婿柴普曼（Lee Chapman）於2016年1月18日發起「承認台灣是一個國家」（Recognise Taiwan as a Country）的連署案，並要求英國政府承認台灣是一個國家。連署案也受到熱烈支持，連署人數很快超過1萬人的門檻。英國外交部於當年2月5日依據規定回應，表示英國政府一貫的立場是「不承認台灣是一個國家」。[104]此並非僅是英國的態度，其他

[102] 林薏禎，〈避免過度依賴中國經濟 德國經濟部擬限制對中投資〉，《鉅亨網》，2022年9月9日，https://news.cnyes.com/news/id/4950345。

[103] 〈中國與歐盟的關係正在發生深遠的變化〉，《BBC中文網》。

[104] Zou Chi，〈英回應指「台灣不是國家」外交部：無損我主權獨立國家的事實〉，《關鍵評論》，2016年2月5日，https://www.thenewslens.com/article/35939。

歐洲國家亦幾乎都是如此，不敢忤逆中國，深怕會影響兩國關係。

二、歐洲國家對兩岸態度的轉變

國際情勢是一種變動而非靜止狀態，近幾年的變化更是快速。中國與歐洲國家的良好關係，於2019年3月15日香港爆發「反送中」運動後，急速趨於惡化。《BBC中文網》報導，歐洲國家目睹中國在習近平當政下，外交政策變得越來越強勢，從「戰狼」外交官的好鬥語氣，到在非洲建立海軍基地，在南海與對台灣的挑釁行動升高，以及打擊在敏感問題上觸犯其底線的公司或國家。分析人士指出，中國在新疆嚴重侵犯人權以及瓦解香港公民社會的行爲，讓歐洲國家對中國的觀念出現轉變。歐盟執委會主席馮德萊恩於2019年9月15日發表年度「歐盟盟情咨文」，將中國貼上競爭對手及侵害人權標籤。[105]

故歐洲國家近年來一反過去對台灣冷淡的態度，友台的態度明顯提高，許多高層官員與議員絡繹不絕地訪問台灣，並紛紛發言支持台灣。歐盟對台灣的興趣、注意於2021年10月20日達到歷史上的高峰，有580位歐洲議會議員以壓倒性支持通過《歐台合作報告》。[106]而且，歐洲議會於11月3日首次派出官方代表團拜訪台灣。[107]歐洲議

[105] 中央社，〈歐中關係大轉折》歐盟執委會主席馮德萊恩：中國迫害人權，且是經濟競爭對手〉，《風傳媒》，2020年9月17日，https://www.storm.mg/article/3042325。

[106] 全名爲《歐洲台灣政治關係暨合作報告》。

[107] 洪雅芳，〈歷史性「歐台合作報告」通過，務實的歐洲人如何看待與台交流新時代？〉，《觀察者》，2021年11月12日，https://www.twreporter.org/a/eu-taiwan-political-relations-and-cooperation。

會並於2022年6月7日通過《歐盟與印太地區之安全挑戰》報告，內容多處表達對台海安全的關切，這是歐洲議會於2022年第五度通過友台報告，以實際行動強力支持台灣，並強調中國對台灣領土完整構成威脅，不利區域安全與穩定，反對任何脅迫及破壞台海現狀的單邊行動，並強烈駁斥中國企圖將俄烏戰爭與台灣安全局勢相提並論的宣傳。[108]

歐洲議會又於2022年9月15日以424票贊成、14票反對的壓倒性多數，通過《台海情勢決議文》（*The situation in the Strait of Taiwan*），該決議文中26項主張包括：譴責中國軍事威脅破壞台海穩定；要求歐盟盡快與台灣談判簽署《雙邊投資協議》（BIA）；要求歐盟協助強化台灣「矽盾」，以保障台海安全；敦促歐盟增強與台灣政治層面的往來；呼籲尚未在台設立貿易辦事處的歐洲國家跟進立陶宛的前例；歐洲議會將繼續派代表正式訪台等。[109]

《中央社》評論稱，這是歐洲議會於2022年第八次通過對台灣友善的決議文件，之前包括「香港違反基本人權情勢」緊急決議案、「歐盟與印太地區之安全挑戰」報告等，也都有支持台灣的主張。雖然決議文對於行政部門只是沒有拘束力的建議案，但就像台美關係進展也是透過無數次國會的發動塑造形勢，才有如今美國參議院外交委

108〈歐洲議會今年第5度通過友台報告 外交部：誠摯感謝〉，《Yahoo》，2022年6月8日，https://is.gd/MfAYah。

109黃自強，〈歐洲議會通過台海決議 要求歐盟助台強化矽盾〉，《中央社》，2022年9月15日，https://www.cna.com.tw/news/aipl/202209150318.aspx。

員會通過《台灣政策法》的成果。故歐洲議會通過的最新對台決議，也會是台歐關係走上新局面的一塊顯著指標。[110]

此外，歐洲議會大會再度於2023年1月18日表決通過由外交委員會主導提出的2022年度《共同外交暨安全政策》（CFSP）及《共同安全暨防禦政策》（CSDP）執行報告兩份年度報告，將中國在南海的軍事建設及對台灣的挑釁行爲列爲關切重點，重申堅決反對任何片面改變台海現狀的企圖，以及呼籲中國停止所有危害區域穩定的行爲。這兩份報告並強調台灣爲歐盟關鍵夥伴及印太地區民主盟友，表達與台灣人民同舟共濟的精神，並呼籲歐盟執委會及歐盟外交與安全政策高級代表與台灣建立「戰略合作」關係。[111]

歐洲國家除了有意願協助台灣外，亦有能力幫助我國對抗中國的武力入侵，其中以英國、法國與德國三大強國最有能力。例如根據《路透社》於2021年4月24日引述美國不具名官員的獨家報導指出，法國戰艦艦葡月號（Vendémiaire）曾於4月6日行經台灣海峽，引起國際關注。[112]而隸屬英國皇家海軍「伊麗莎白女王」號（HMS Queen Elizabeth）航空母艦打擊群的一艘護衛艦，亦於同年9月27日通過台灣海峽，被中國軍方指責其居心不良。[113]

---

110 同前註。

111〈歐洲議會通過年度外交安全2報告 納入挺台條文〉，《自由時報》，2023年1月18日，https://news.ltn.com.tw/news/politics/breakingnews/4189397。

112〈外媒爆法國軍艦行經台灣海峽 國防部6字回應〉，《自由時報》，2021年4月25日，https://news.ltn.com.tw/news/politics/breakingnews/2769898。

113 黎堡，〈罕見！英國軍艦穿越台灣海峽〉，《VOA》，2021年9月27日，

英國智庫「國際戰略研究所」於2022年3月30日發表《台海兩岸穩定與歐洲安全》（*Taiwan, Cross-strait Stability and European Security*）研究報告，建議歐洲國家如何在政治、經濟、軍事三大面向，協助台灣應對台海危機。在軍事方面，該報告稱，歐洲國家對於台灣並不存在類似美國在《台灣關係法》中所做出的承諾，但不排除歐洲可能因爲來自盟友與區域夥伴的巨大壓力，在中國入侵台灣時，對台灣的集體防禦做出重要貢獻。歐洲對台灣的軍事協助，可能主要落在英國、德國、法國、義大利、荷蘭、波蘭、西班牙七國身上。[114]

根據《路透社》於2023年3月13日報導，根據英國政府出口授權資料，2022年前九個月，英國政府發放給企業出口潛艦零組件與技術到台灣的許可證，合計金額達1億6,700萬英鎊（約新台幣62億元），創下紀錄新高。國防安全研究院國防戰略與資源研究所所長蘇紫雲表示，此顯示北京的軍事擴張主義令各國擔憂，並成爲台灣獲得國際支持的最大助力。英國擴大批准對台出口潛艦零組件與技術，是表達對台灣民主的支持，特別是俄國入侵烏克蘭後，英國政府曾公開呼籲北約出售武器甚至協防台灣。[115]

---

https://www.voacantonese.com/a/uk-warship-taiwan-straits-20210927/6246929.html。

[114] 李忠謙，〈台灣海峽若開戰，歐洲會出兵協防台灣嗎？英國智庫重磅報告：協助民主台灣抵抗中國侵略，歐洲能做些什麼〉，《風傳媒》，2022年4月4日，https://www.storm.mg/article/4271391?page=4。

[115] 黃雅詩，〈英擴大售台潛艦零組件與技術 學者推論應爲紅區裝備〉，《中央社》，2023年3月14日，https://www.cna.com.tw/news/aipl/202303140232.aspx。

此外，英國政府於2023年3月13日公布最新版的《外交國防安全政策綜合檢討報告》（*2023 Integrated Review Refresh*），報告中不僅直指中國是「劃時代挑戰」（Epoch-defining Challenge），更強調維持台海情勢穩定，以及透過對話和平解決台灣議題的重要性。該報告強調將加強官員對中國的理解和應對，必要時與盟友合作「對抗」（Push Back）中國。這是英國政府於2021年首度發布此類報告後，首度提及台灣，可見英國對兩岸態度的轉變。[116]

英法兩國元首於2023年3月13日在法國總統府舉辦的第36屆高峰會會後發表聯合聲明，重申台灣海峽和平穩定的重要性，呼籲以和平方式處理兩岸議題，並深化印太夥伴關係。我外交部表示，歐洲兩大要角共同關切台海和平意義非凡。德國亦開始逐漸轉變對中國的態度，德國雖然重視與中國的經貿關係，但在安全議題上則與美國站在一起。例如總理蕭茲（Olaf Scholz）於3月18日率領部長代表團訪問日本前，在柏林總理府接受《日經亞洲》訪問，當被問到可能的台海衝突，他說：「就像美國、日本和其他許多國家，我們遵循『一個中國政策』。」但是蕭茲提醒北京：「我們也表明，絕對不能使用武力來改變現狀。」[117]

---

[116] 孫宇青，〈新版外交國防報告首提台灣 英國：與盟友合作對抗中國〉，《自由時報》，2023年3月15日，https://news.ltn.com.tw/news/politics/paper/1572065。

[117] 管淑平，〈蕭茲接受日媒訪問 警告中國：不要以武力改變台海現狀〉，《自由時報》，2023年3月17日，https://news.ltn.com.tw/news/world/breakingnews/4242305。

三、阻礙歐洲國家協助台灣的潛在因素

許多歐洲國家雖然有意願與能力協防台灣對抗中國的軍事威脅，但是有四個主要因素可能會阻礙歐洲在台灣有事的時候前來協助台灣：第一，距離因素。距離會影響一個國家的外交政策；歐洲國家與台灣相隔非常遙遠，而且在歐洲國家中，僅有英法兩國在印太地區擁有永久軍事部署，不過主要都是爲了應對低強度的區域衝突，所以它們在此地區的駐軍無法應付兩岸可能的危機。[118]故一旦台灣有事，遠水救不了近火，歐洲國家無法立即從遙遠的西方派兵前來相救。

從英國將香港歸回中國的例子，即可看到距離因素對國家外交政策的影響。根據清朝與英國簽訂的《新界租約》規定，中國於租約期滿後（1997年6月30日），可收回新界地區。但是香港島與九龍半島是永久割讓給英國，英國可以不歸還。在中英雙方談判香港回歸問題時，英國原本只願歸還新界，但由於鄧小平堅持必須香港全部回歸，時任英國首相柴契爾夫人考量香港離英國太遠，若與中國發生軍事衝突，會鞭長莫及。故柴契爾最後不得不同意將整個香港地區（包括香港島、九龍與新界）全部交還給中國。

第二，經濟因素。大部分歐洲國家在中國有很龐大的經濟利益，而且許多中國企業在歐洲國家有重大的投資，它們不大可能犧牲這些經濟利益來協助台灣對抗中國。例如在俄烏戰爭爆發之初，表現非常

---

[118] 李忠謙，〈台灣海峽若開戰，歐洲會出兵協防台灣嗎？英國智庫重磅報告：協助民主台灣抵抗中國侵略，歐洲能做些什麼〉。

保守的德國總理蕭茲，於2022年11月4日率領多位德國商界領袖對中國進行正式訪問。他是新冠疫情近三年以來第一位訪問中國的西方先進國家領導人。由於美國將中國視爲國家安全最大威脅，歐盟視中國爲系統性、制度性競爭對手之際，蕭茲訪問中國在德國內外都引發擔憂與反對的聲音。[119]

此外，法國總統馬克宏（Emmanuel Macron）於2023年4月5日至7日對中國進行「國是訪問」時，受到習近平的隆重接待。馬克宏與習近平發布的聯合公報，再度重申法國對「一個中國」政策的承諾。而且他於8日在回國專機上接受《迴聲報》與政治新聞網站《Politico》的訪問時表示：「法國不該淪爲美國外交政策的附庸」、「歐洲不該被美國捲入台海爭端」。此綏靖言論惹來歐美政治圈大量的批評。德國、比利時與波蘭等國政府痛批馬克宏，強調歐美關係緊密，而馬克宏同黨盟友則爲其緩頰，並解釋法國絕不樂見台灣遭到中國入侵。馬克宏的親中態度，主要是尋求與中國更緊密的經濟合作關係，以幫助減少法國對中國的鉅額貿易逆差。

第三，俄烏戰爭因素。俄烏戰爭目前仍在進行當中，而且尙看不到停戰的跡象。烏克蘭的武器與資金來源主要是美國與許多西方國家，歐洲國家在這場戰爭投注鉅額的金源與武器，消耗太多的軍事資源，武器庫存已經差不多快用罄。因此若此時台灣同時有事，歐洲國

[119]〈德國總理肖爾茨首次訪問中國的看點、意義和輿論〉，《BBC中文網》，2022年11月3日，https://www.bbc.com/zhongwen/trad/world-63458151。

家恐怕分身乏術，難以抽身救援台灣。亦即俄烏戰爭將是影響歐洲國家是否協助台灣對抗中國侵略的重要因素。除非俄烏戰爭已結束，它們才可能有餘力協助台灣。

第四，地緣因素。由於歐洲國家與俄國鄰近，因此它們的最大的安全威脅是俄國，而非中國。歐洲要是在軍事上大力支持台灣，勢必會減弱應對俄國威脅的能力，除非歐洲與俄國的關係大幅緩和，否則難以騰出手來幫助台灣。[120]因此，台海一旦發生衝突，歐洲國家不太可能直接派兵援助台灣，同時也害怕觸怒中國而影響它們在中國的巨大經濟利益。而它們最有可能協助台灣的方式為採取軍援烏克蘭的模式，提供台灣軍事援助、訓練或是安全情報等。

---

[120] 李忠謙，〈台灣海峽若開戰，歐洲會出兵協防台灣嗎？英國智庫重磅報告：協助民主台灣抵抗中國侵略，歐洲能做些什麼〉。

第六章

台灣重要性的反證

由上述分析可知，台灣對於全世界確實非常重要，包括地緣戰略位置、民主價值、晶片科技、供應鏈等。因此許多國人會樂觀地認為，一旦台灣有事，不但日本會有事，全世界也會有事，他國就會前來協助台灣。但是也有許多人不同意並質疑：台灣一旦遭到中國的軍事侵略，其他國家會因為台灣的重要性，而奮不顧身前來協助嗎？台灣的重要眞的無法被他國所取代嗎？台灣是否過於高估自己的重要性，而對於中國的威脅就可以有恃無恐呢？以下綜整有關台灣重要性不可被取代的反面意見，以挑戰台灣重要性的意見。

第一節　台灣地緣戰略位置重要性的反證

我國專家與學者一般均認為，由於台灣位處太平洋第一島鏈的樞紐，地緣戰略位置非常重要。例如我國於2008年發表的《國防報告書》就指出：「台灣位處歐亞大陸與太平洋交會、東北亞與東南亞交口、西太平洋第一島鏈中心節點樞紐位置上，軍事地緣戰略地位極為重要，成為中共發展藍水海軍戰略之主要目標，倘若台灣由軍事戰略意圖不明、軍事事務運作不透明之非民主國家所控制，則東亞、北太平洋之和平秩序將遭受重大威脅，故台灣現有之堅實民主、自由價值、穩健經濟等優勢，以及在反恐制變、濟弱扶傾、維護和平上對國際社會的貢獻，不但可作為亞洲國家民主與經濟發展之示範，亦可成為維護亞太地區和平秩序之『安定之錨』。」[1]

1　〈中華民國九十七年國防報告書〉，《中華民國國防部》，2022年9月15日，

該報告接著又稱：「就美日兩國利益而言，具有提供日本南面海上防衛戰略前緣，保障與依托的功能。此戰略位置具備向周邊海洋投射武力之便利性，並且對美國、日本、中共在西太平洋戰略利益的互動上，具有平衡作用，爲亞太地區穩定與發展的關鍵槓桿。美國與日本在2005年『2加2安全諮商會議』後的聯合聲明中，即把台海地區的和平列爲兩國的共同戰略目標，此舉足以彰顯台海的和平、穩定對東亞區域安全，具有重大意涵。」[2]

其實，一個國家的地緣戰略位置是否重要，除了其所處的特殊地理位置之外，還須考量大國的安全政策及世界軍事科技的發展。亦即一個國家戰略地位的重要與否，並非一成不變，而是隨著時間與情勢不斷地在改變。因爲地緣戰略位置的重要性，不僅是由當事國自我認定，還必須獲得大國的重視，否則位處重要地理位置的國家，也有可能被大國拋棄。例如身處第一島鏈重要戰略地理位置的台灣，就曾被美國與日本拋棄過。

一、大國安全政策決定台灣的地緣戰略重要性

歷史事實冷酷地告誡我們，美國與日本都曾經因爲世界局勢的改變，而無情地拋棄台灣。如前所述，美國總統杜魯門、尼克森、福特都曾主張「棄台」，但因爲時機未成熟而未能實現其政策。直到卡

---

http://www.topdesign.net.tw/upload/web/B073/downloading/cn_page80_83.pdf，頁80。

2　同前註。

特總統時，不但實現了「棄台」政策，而且拋棄得很絕情，因為美國在事前一直瞞著我國。1978年12月16日凌晨，熟睡中的蔣經國被時任總統府秘書兼新聞局副局長宋楚瑜叫醒，美國駐華大使安克志（Leonard S. Unger）當面向仍睡眼惺忪的蔣經國宣讀美國總統卡特的信，短短七個小時後，美國宣布與中華民國斷交，並自1979年1月1日起，與中華人民共和國建交。[3]

難怪蔣經國對安克志不滿地表示：「中美兩國這麼悠久的歷史，如此重大決定，竟然在七小時前才通知，本人表示遺憾，也是不可思議的事」。[4]而且美國不但與中華民國斷交，還撕毀《中美共同防禦條約》以及將美軍全數從台灣撤出，狠狠背叛了台灣，引起全台灣人的憤怒。現在約50歲以上的國人應該都還清楚記得國內當時的情境，當時台灣人惶惶不安，恐慌瀰漫全台灣。在斷交後十二日，美方派副國務卿克里斯多福（Warren Christopher）抵台談判，在松山機場一下機就遭抗議民眾圍剿，成為抗議群眾的洩憤對象，美方形容有如「暴民」，隨後縮短行程，倉皇離台返美（參見圖6-1）。[5]美國之所以會拋棄台灣，主要是因為美國政府採取「以中制蘇」的戰略，而改變了整個世界局勢，讓台灣成為一枚「棄子」。

---

3 BBC中文網，〈台美斷交40年：那些歷史性瞬間中的恩怨情仇〉，《風傳媒》，2019年1月2日，https://www.storm.mg/lifestyle/777989?page=1。

4 謝佳珍、林淑媛，〈40年前那一夜 台美風雲變色危機7小時〉，《中央社》，2018年12月15日，https://www.cna.com.tw/news/firstnews/201812155002.aspx。

5 〈【美官訪台】憶1979年斷交 憤怒國人「蛋洗」美副國務卿〉，《蘋果新聞網》，2020年8月9日，https://www.appledaily.com.tw/politics/20200809/6CEEFFLADHALRVVEBOYKTYJSN4。

圖6-1　美國副國務卿克里斯多福座車遭台灣民眾「蛋洗」

資料來源：〈從美國副國務卿來台被打，到台灣關係法誕生：台美斷交紀錄片《驚濤拍岸40年》〉，《美國之音》，2019年4月17日，https://www.storm.mg/article/1184931?mode=whole。

美國曾拋棄過台灣，其實日本也不遑多讓。如前所述，田中角榮於1972年7月繼任親我國的佐藤榮作成爲日本首相後，決定於9月29日與我國斷交，並與中共建交。田中角榮政府不顧當年日本戰敗後，國民政府對日本採取的「以德報怨」恩情，搶先在美國之前與中國建交，以向中國獻媚。日本與我國斷交後，固守「一個中國」政策，採取「政經分離」原則與我國交往，避免與我國進行官方直接往來，雙方關係僅侷限於經濟範疇。現今台日兩國關係雖然有大幅的提升，但是日本政府迄今仍然非常顧忌與我國進行正式的官方接觸。

由上述可知，台灣地緣戰略位置重要與否，完全取決於美國與日本對中國的政策而定，而非我國單方面主觀的認定。當美國、日本與中國關係良好時，台灣的地緣戰略位置並不重要，而且台灣還可能成爲它們與中國發展關係的絆腳石，是一枚隨時可以拋棄的「棄子」，因此仍有許多美國專家學者主張「棄台論」；但是當美國、日本與中國關係趨於惡化與對抗時，台灣的地位就非常重要，成爲對抗中國的一枚重要「棋子」。有不少國人認爲，台灣因爲是美國可利用的一枚棋子，所以才會大力支持我國，但對此東吳大學政治系助理教授陳方隅直言：「夠重要才會成爲籌碼」。[6]

現在局勢就是如此，由於美國、日本採取與中國相抗衡的政策，台灣的戰略地位又再度受到他們的重視，是圍堵中國進入太平洋的重要一分子。但是，美國已對中國部署了三道防線，亦即三道島鏈，以防萬一（參見圖6-2）。若第一島鏈被共軍攻破，美國還擁有太平洋的守護，其本土安全亦不會受到解放軍立即威脅；然而第二島鏈與第三島鏈若是失守，則美國對中國將失去海洋的緩衝，美國的本土安全就容易受到解放軍的直接威脅。前立委、婦聯會主委雷倩在節目《國際直球對決》中表示，美國主要以第一島鏈作爲防堵中國的軍事威脅，但爲了保護美軍與軍武設施的安全，美國將重要的軍事設施移至第二島鏈。換言之，美國要讓第一島鏈的國家承擔類似烏克蘭在俄烏戰爭中所承擔的主戰任務。[7]

---

6 簡恒宇，〈「夠有價值才能當籌碼」中國不放棄武力統一 台灣沒有本錢不偏向美國〉，《Yahoo》，2019年6月29日，https://is.gd/qCdMEH。

7 鍾秉哲，〈「美軍重要設施移至第二島鏈」雷倩：美國戰略有變，台灣要極度小心〉，《風傳媒》，2022年4月12日，https://www.storm.mg/article/4283271。

圖6-2　美國對中國部署的三道防線

資料來源：連雋偉，〈陸3艘航母助破第三島鏈 戰略轉型〉，《中國時報》，2019年12月11日，https://www.chinatimes.com/newspapers/20191211000114-260301?chdtvp。

二、世界軍事科技決定台灣的地緣戰略重要性

一個國家地緣戰略的重要性，除了取決於其所處的地理位置與大國安全政策之外，還有賴世界先端科技的發展，尤其是軍事科技。人類的科技水準發展程度，會引領地緣政治博弈的發展。[8]例如19世紀隨著海軍武器裝備的進步，美國海軍上校馬漢（A. T. Mahan）於1890

---

[8] 吳世忠，〈網絡時代地緣政治的新特徵〉，《人民網》，2014年7月22日，http://theory.people.com.cn/BIG5/n/2014/0722/c386965-25315258.html。

年提出著名的「海權論」，並預言「誰控制了海洋，誰就控制了世界」。後來由於飛機的發明，義大利陸軍少將杜黑（Giulio Douhet）於1921年提出著名的「空權論」，並預言「誰控制了天空，誰就控制了世界」。由此可見，先進武器對於地緣戰略的重要影響。

絕大多數的台灣專家學者與官員均認爲，台灣的地緣戰略對於美國、日本，甚至全世界而言，均非常重要。但是軍事專欄作家王臻明以軍事科技的角度提出令人深思的觀點。他表示一個地區或國家戰略位置的重要性，其實一直隨著科技的發展而改變。例如在人類還處於冷兵器時期，高地具有視野與騎兵衝鋒的優勢，因此是兵家必爭之地。這一直持續到槍砲武器發展成熟、飛行器統治天空爲止，高地的價値才慢慢降低，隨之而來的是機場成爲了重要戰略據點。二戰時期最血腥、也最關鍵的幾場戰役，都與奪取機場有關，如瓜達康納爾島戰役。而等於「海上浮動機場」的航空母艦，也徹底改變了海戰戰術，並成爲了國力的象徵，至今不變。[9]

王臻明稱台灣在第一島鏈的地位之所以重要，是因爲可作爲美國空軍的基地，以遏制共軍軍力對東亞與東南亞的威脅，故麥克阿瑟將軍將台灣比喻爲「不沉的航空母艦」。但飛彈時代的來臨，改變這種局勢。隨著地對空飛彈的性能有重大突破，讓第一島鏈的偵察機不再敢飛入中國內地。地對地飛彈的部署，使第一島鏈處於隨時被攻擊的

---

9 王臻明，〈永不沉沒的海上機場？第一島鏈的戰略地位將受軍事科技威脅〉，《聯合報》，2021年8月17日，https://opinion.udn.com/opinion/story/120873/5671093。

風險中。空對空飛彈的射程不斷變遠，機載雷達的性能也突飛猛進，視距外空戰（Beyond Visual Range, BVR）成爲戰機的必備性能。當雙方戰機可在數十公里外接敵，再計入戰機起飛所需要的距離，上百公里寬的海峽已變得「太過狹窄」。所以美國航空母艦絕不會進入台灣海峽，因爲射程突破100公里以上的各式反艦飛彈，對航空母艦的威脅實在太大。[10]

王臻明進一步稱，這樣的趨勢隨著極音速飛彈的出現、無人機艦的大舉服役、太空戰場的開闢，變得更爲清楚。例如極音速飛彈的速度與射程，讓第一島鏈上的軍事基地與船艦面臨隨時遭受攻擊的危險，且精確度比彈道飛彈更高，幾乎沒有辦法攔截。唯一的反制方式是同樣發展極音速飛彈，美國陸海空三軍便緊鑼密鼓地進行著多個極音速飛彈發展計畫。這些極音速飛彈一樣擁有驚人的射程，未來美軍將可以輕易地從第二島鏈的關島、甚至是第三島鏈的夏威夷發動攻擊，無必要在危險的第一島鏈設立基地。[11]因此，在現代先進軍事科技的發展之下，台灣在第一島鏈的重要性可能會受到影響。

另外一個因爲武器發展，而使某地區地緣戰略重要性下降的例子就是金門島。金門島由於緊鄰中國本土，過去一直扮演維護台灣安全的前哨基地，因此毛澤東欲奪取該島作爲攻打台灣的跳板。他先後於1949年10月24日深夜發動「古寧頭戰役」，以及1958年8月23日至10

---

10 同前註。

11 同前註。

月5日，突然以大砲對金門發射無數發砲彈，史稱「八二三砲戰」。由於國軍的堅守抵抗，粉碎了中國赤化台灣的盤算，挫敗毛澤東的企圖。事後毛澤東認爲失敗原因乃是缺少海軍的優勢，無法安全地運送大量共軍渡海作戰。而現今中國解放軍海空軍軍力大幅提升，因此金門的戰略重要性已下降了。

第二節　台灣民主價值重要性的反證

台灣這三十年期間所達成的民主成就，堪稱爲世界的民主政治典範。而且台灣的民主指數在國際評比中不斷攀升，英國《經濟學人》所屬機構「經濟學人資訊社」（EIU）公布的2020年「民主指數」（Democracy Index）報告，台灣首度從「有瑕疵民主」（Flawed Democracy）等級，進步到「完全民主」（Full Democracy），全球排第11名。而且在2021年的報告，台灣排名升到全球第8名，高居東亞之首，儼然民主的模範生。[12]

另外，美國智庫「傳統基金會」（The Heritage Foundation）於2023年2月28日公布《2023年經濟自由指數》（*2023 Index of Economic Freedom*）報告，全球計有184個經濟體納入評比，台灣得分高達80.7，在全球排名第四名、亞太第二名，寫下歷年來最佳成績。台灣得分從2022年的80.1分成長至2023年的80.7分，蟬聯最優良

[12] 王健壯，〈台灣民主是不是鍍金民主？〉，《聯合報》，2022年2月20日，https://udn.com/news/story/7340/6110193。

「自由」（Free，門檻80分）評比。全球前10名依序是新加坡、瑞士、愛爾蘭、台灣、紐西蘭、愛沙尼亞、盧森堡、荷蘭、丹麥與瑞典。[13]國人看到此報告應該感到驕傲，因爲我們的民主制度得到了國際社會的肯定，可說是另一項「台灣之光」。

但是一旦台海有事，世界各民主國家眞的會因爲台灣的民主價値，而出兵對抗中國解放軍嗎？從俄烏戰爭的例子中可知，民主國家遭受非民主國家攻擊時，其他的民主國家不一定會出兵相助。雖然大多數民主國家都同情烏克蘭人民的悲慘遭遇，並支持烏克蘭的民主制度，但是支持烏克蘭是必須付出代價的，因爲俄國掌握重要的天然資源——石油與天然氣，許多國家因爲支持烏克蘭而受到俄國的能源制裁。因此許多民主國家基於自身的利益考量，並未站在民主的一方，對俄國的入侵持觀望態度。

根據《經濟日報》報導，七大工業國（G7）元首於2022年6月間在德國召開峰會時，曾保證將長期力挺烏克蘭；反觀20國集團（G20）對烏克蘭的支持力度則相對較弱。G20的總經濟規模占全球國內生產毛額（GDP）的比率約達85%，因此更能代表全世界的意向。然而在G20國家中，只有半數加入制裁俄國的行動。[14]新加坡國立大學政治科學系副教授莊嘉穎表示，規模較小的亞洲經濟體通常會

---

13 中央社，〈美智庫公布2023年經濟自由指數報告，台灣全球第4史上最佳，蔡總統：努力維持全球供應鏈安全〉，《關鍵評論》，2023年3月3日，https://www.thenewslens.com/article/181887。

14 任中原，〈美歐孤立俄 G20國家各有算盤〉，《經濟日報》，2022年8月22日，頁4。

避免批評中國與俄國等大國，以免被它們懲罰。即使是西方國家的亞洲盟友韓國，對於俄國亦採取較爲保守的態度，因爲它明白北韓問題需要俄國的合作，同時也不想激怒中國。[15]

世界最大的民主國家印度亦是如此，淡江大學中國大陸研究所榮譽教授趙春山表示：「印度雖被視爲亞洲『民主的櫥窗』，且是美國印太戰略體系中『四方安全對話』（QUAD）的主要成員，但在聯合國表決譴責俄國侵略烏克蘭、要求俄國自烏克蘭撤軍，以及俄國在聯合國大會人權理事會的停權等相關議案時，印度都是投棄權票；因爲印度與俄國在經濟及軍事合作方面一直維持密切的關係。烏克蘭爲了維護自由民主體制，成爲這場戰爭的最大受害者。烏國總統澤倫斯基多次在國際場合抱怨，美國與歐洲民主國家並未提供烏國用來對抗入侵俄軍的足夠支援。」[16]

曾兩度出任英國首相，並三度出任外相的19世紀政治家帕默斯頓（Palmerston）爵士曾說過：「我們沒有永遠的盟友，我們也沒有永久的敵人。我們的利益才是永遠與永久的，而我們的責任就是去追隨這些利益。」（We have no eternal allies and we have no perpetual enemies. Our interests are eternal and perpetual, and those interests it is our duty to follow.）這句話已成爲國際關係的圭臬，並廣爲各國奉

---

[15] 葉素萍、溫貴香，〈俄入侵烏克蘭 蔡總統：全球民主國家團結時刻 台灣不能缺席〉，《中央社》，2022年3月2日，https://www.cna.com.tw/news/aipl/202203025002.aspx。

[16] 趙春山，〈俄烏戰爭是制度之爭？還是利益衝突？〉，《聯合報》，2022年5月4日，https://udn.com/news/story/6853/6286884。

行。當一個國家在擬定外交政策時，一定以其自身的利益爲考量，而非他國的利益爲優先。尤其是要不要出兵協助他國，更是如此，俄烏戰爭就是一個非常鮮明的例子。各國不會因爲要維護烏克蘭的民主制度而出兵相救。

基於烏克蘭的前車之鑑，國人必須認眞、嚴肅地思考，世界上的民主國家眞的會因爲台灣的民主價值，就出兵協助、共同對抗中國解放軍嗎？署名「季節」的評論者投書《中國時報》稱，我們必須體認到殘酷的現實，奢望其他國家不惜成本，守護台灣這樣一個不算太大的民主國家，未免太一廂情願了。換個角度思考，若是民主國家以色列或希臘遭受外國入侵，多數國人民會願意其政府不惜成本派兵援助嗎？答案應該是否定。此不能怪其他國家太現實，國際政治本來就是以國家利益爲優先考量，在確保國家利益的前提下，才可能想到理想主義。[17]

第三節　晶片科技重要性的反證

一、台積電無法被超越的反證

《新新聞周刊》副總編輯林哲良表示，由前行政院院長孫運璿、前經濟部部長李國鼎等人一手催生的台灣半導體產業，走過三十多個年頭之後，儘管最近幾年面臨南韓與中國等半導體業者的強力挑戰，

---

[17] 季節，〈民主台灣有無可取代的重要性？〉，《中國時報》，2019年3月21日，https://www.chinatimes.com/realtimenews/20190321001919-260407?chdtv。

但競爭力與影響力卻是有增無減。尤其是台積電，憑藉著優異的先進製程，擁有左右市場生態變化的能力，讓國際企業甚至是其他國家對其產生依賴。短期之內要剷平台積電這座台灣的「護國神山」並非易事。因此，以台積電為核心所建構出的矽屏障，是台灣國防隱形的防護罩。但林哲良提問，中美從貿易戰衍生的科技霸權戰爭越打越烈，這對台灣的矽屏障會帶來什麼影響？台積電的競爭對手是來自對岸還是其他國家？十年後，「護國神山」還能保護台灣嗎？[18]

林哲良的問題其實也是許多國人的疑問，台積電真的是無可取代嗎？台積電永遠都不會被其他國家的半導體公司超越或取代嗎？回顧過去歷史，許多科技巨擘一夕之間被其他公司取代，或被市場淘汰的例子所在多有。根據時事評論者魯皓平表示，現在人手一隻智慧型手機，不是iPhone就是Samsung，智慧型手機發展前熱門的Nokia、Motorola早已不復見了。快速的科技變遷，令歷史悠久的大公司也難抵擋被收購的命運。隨著時代的發展與顧客的需求變化，曾經紅極一時的產品可能也不再符合消費者需求，例如Sony的隨身聽曾稱霸市場二十餘年，最後卻被MP3取代。舊式手機與隨身聽退出市場，不是產品本身問題所導致的結果，而是市場出現了更適合消費者的替代品，這是時勢所趨，若不能順應改變，失敗則在所難免。[19]

---

[18] 林哲良，〈台積電赴美會搬走台灣矽屏障？〉，《新新聞》，2020年7月20日，第1739期，頁15。

[19] 魯皓平，〈被時代浪潮淘汰！Nokia面臨的巨大衝擊〉，《遠見雜誌》，2014年4月22日，https://www.gvm.com.tw/article/26019。

看看這些眞實的案例，我們是否還能確定台積電是無法被超越的？其實台積電曾被勁敵韓國三星電子超越過。林哲良就指出，三星電子確實有過「彎道超車」的成功經驗。三星電子過去在14奈米上，曾因獲前台積電研發長梁孟松之助，一度超越台積電。由於14奈米早於台積電的16奈米研發成功並量產，藉此拿下高通（Qualcomm）、蘋果等重要客戶，三星電子在技術趕上台積電並非沒有前例可循。[20]雖然科技專業媒體《電子時報》（*DIGITIMES*）社長黃欽勇強調，台積電因爲在製造能力、客戶結構與生態系三大領域仍有極大優勢，短期內三星電子不可能拚比得過。[21]但是台積電創辦人張忠謀曾於2021年4月21日表示，三星電子在晶圓製造方面優勢與台灣相近，是台積電目前最強勁的對手。[22]

對於台積電不可取代的說法，政治大學外交系副教授陳秉逵亦提出不同觀點。他表示從來不覺得有矽盾這種東西，因爲萬一台海發生戰爭，導致供應鏈被迫中斷一個月，台積電的客戶可能馬上轉單三星電子，故台積電並非不可取代。因爲在全球僅存三家有先進晶片製造能力的公司中，台積電的晶圓代工產能雖最大，但三星電子緊追在

---

[20] 林哲良，〈台積電赴美會搬走台灣矽屏障？〉，頁19。

[21] 彭蕙珍，〈台積電擁「3優勢」三星很難拚得過！三星達人：台灣未來10年仍可大力發揮〉，《聯合報》，2022年6月14日，https://udn.com/news/story/6839/6386328。

[22] 涂志豪，〈張忠謀：中國半導體落後台積電 三星是勁敵〉，《中國時報》，2021年4月22日，https://www.chinatimes.com/newspapers/20210422000563-260110?chdtv。

後。美國晶片龍頭英特爾也於2021年宣布成立晶圓代工部門，並於2022年2月宣布購併以色列高塔半導體（Tower Semiconductor），宣示重返晶圓代工市場。世界仍需仰賴台積電的先進技術，但假使更先進的晶片研發遲滯、客戶不再有更先進晶片的需求，甚或是三星電子與英特爾在代工產能與技術上趕上台積電時，這些客戶就不見得一定得找台積電。[23]

聯電榮譽副董事長宣明智於2022年9月14日出席「大交通大未來科技展暨國際論壇展覽」，談及半導體產業趨勢時直言：「不能說台灣的領導地位永遠不會改變，任何一個地方下了決心、走對了路，可能五年、十年以後會跟我們一樣。」[24]許多國家已下定決心發展晶片產業，希望能夠自己製造晶片，不再太過依賴台灣。美國與韓國甚至希望能夠超越台灣的晶片產業，這些趨勢都會對我國的晶片產業造成壓力，以下概述許多重要國家的晶片發展情形。

二、各國的晶片產業發展情形

因爲新冠疫情的大爆發，使全球晶片於2021年發生嚴重短缺，加以近年來台海局勢趨於緊張，各國政府重新了解到半導體供應鏈的重要性，不只成爲政經角力的籌碼，更晉升爲「國安問題」。爲了避免

[23] 李玟儀，〈矽盾，眞能護台灣嗎？專家：台積電並非不可取代〉，《商業週刊》，2022年3月3日，https://www.businessweekly.com.tw/magazine/Article_mag_page.aspx?id=7005494。

[24] 方韋傑，〈半導體產業趨勢已變 宣明智：台領先非不會改變〉，《自由時報》，2022年9月14日，https://ec.ltn.com.tw/article/paper/1540152。

台海可能發生的衝突影響晶片的取得，美國、日本、歐洲國家開始紛紛投資晶片產業，以強化自身的晶片製造技術。[25]

（一）美國的晶片產業發展

美國高層官員如商務部部長雷蒙多於2022年7月20日接受美國財經媒體《消費者新聞與商業頻道》（CNBC）專訪時就明白表示，台海緊張情勢若升高爲武力衝突，將會影響晶片的供應，若台灣晶片斷供，美國經濟將立即陷入衰退，而且無法製造軍用設備自保，這將是個可怕的情形，這是晶片必須在美國製造的理由。[26]美國智庫「歐亞集團」（Eurasia Group）全球科技政策負責人蒂歐洛（Paul Triolo）表示：「如果中國無意或有意展開對台灣的軍事衝突，對於主要電子公司來說，全球供應鏈可能遭到嚴重破壞。」前美國國務院官員、華府智庫「戰略暨國際研究中心」（CSIS）專家路易斯（James Lewis）亦對此情形表示憂慮。[27]

美國雖然在許多高科技領域均領先全球，但是晶片的製造能力卻不是非常強大。根據美國紐約州立大學經濟系教授周鉅原表示，之所以會出現如此現象，是因爲在全球化的趨勢下，美國高科技只注重

---

[25] 林妤柔，〈【大南方崛起】牽動各國半導體消長的無形力量，台積電全球布局策略一次看〉，《科技新報》，2022年3月24日，https://technews.tw/2022/03/24/tsmc-global-map/。

[26] 葉亭均，〈CNN專訪 劉德音：陸犯台各方皆輸〉，《聯合報》，2022年8月2日，https://udn.com/news/story/7240/6504820。

[27] 〈美中爭奪半導體！英媒警告：台灣位於死亡中心〉，《自由時報》，2021年2月3日，https://ec.ltn.com.tw/article/breakingnews/3431047。

研發、享受專利的高額利潤，而將利潤較低的製造業務轉移到國外，或者是委託代工廠生產，無晶圓廠模式公司（Fabless Semiconductor Company），[28]再將終端產品運回美國。[29]美國高科技公司雖然曾試圖恢復製造先進的晶圓，但是最後卻以失敗收場。

例如美國最重要的晶片製造商英特爾擬從事晶圓代工服務，於2015年收購美商拓朗（Altera）半導體公司，代工14奈米FPGA晶片，[30]但是此業務卻延宕英特爾自己的14奈米製程晶片生產，削弱市場競爭力，最後不得不放棄此業務。美國科技部落客Daniel Nenni表示，當初英特爾針對IC設計公司提供代工晶圓業務，根本就是錯誤的決定。因爲該公司低估投入晶圓代工所需的時間、金錢與技術。[31]

美國政府爲了強化自己的晶片製造能力，首先要求台積電赴美國設廠。台積電在美國生產晶片雖然不符合生產成本，但是在美國的壓

---

28 無晶圓廠模式公司又稱爲IC設計商。

29 周鉅原，〈美國半導體業有多脆弱？五張表看懂全球高科技貿易結構〉，《經濟日報》，2021年8月16日，https://money.udn.com/money/story/5612/5676243。

30 FPGA晶片是一種可以反覆編輯電路模式的晶片，包含許多可以客製化的邏輯模組，在晶片出貨被使用後，工程師也可以透過改寫程式代碼，來重新編輯電路結構，可因應物聯網、人工智慧（AI）、5G、自駕車等技術快速發展，需要不斷汰換更新的規範標準及演算法，從而降低業主成本、讓晶片的CP值更高。唐子晴，〈5G時代營收要多3倍！FPGA晶片大廠賽靈思，如何用一款軟體平台抓住市場？〉，《數位時代》，2019年12月12日，https://www.bnext.com.tw/article/55882/xilinx-fpga-vitis-5g-rfsoc。

31 葛翰勳，〈趕14奈米產能進度，爆英特爾停止客製化代工〉，《數位時代》，2018年12月20日，https://www.bnext.com.tw/article/51722/intel-shutdown-foundry。

力下，於2020年5月15日宣布在亞利桑那州（Arizona）興建一座5奈米晶圓廠，投資金額高達120億美元，預計2024年量產，每月產能2萬片晶圓。對於台積電赴美設廠，時任台大副校長湯明哲提出陰謀論，強調美國政府雖給予台積電稅收、土地等優惠，但恐怕也會要求台積電將技術轉移給英特爾。[32]而英特爾爲了配合拜登政府提出的將美國恢復爲半導體製造大國的政策，於2021年3月23日公布，將投資200億美元在亞利桑那州，新建造的兩個使用最尖端極紫外光刻（EUV）曝光設備的7奈米半導體工廠預計在2024年啓動運營。[33]

美國亦積極尋求與其他國家的晶片廠商合作，以分散對台積電的依賴。例如拜登總統於2022年5月20日展開上任以來第一次亞洲行，首站訪問南韓，一下飛機就在南韓總統尹錫悅陪同下，前往三星電子平澤半導體工廠參觀，並發表談話表示與南韓在半導體技術合作的態度與決心。而且三星將在德州興建一座晶圓廠，投資額高達170億美元，此將創造3,000多個工作機會。《韓國商業》（*Business Korea*）報導，南韓「半導體與顯示技術協會」（Korean Society of Semiconductor and Display Technology）認爲美韓聯手將可預期雙方在半導體產業上獲得進一步發展，且此舉亦暗示美國選擇南韓企業作爲

32 郭宜欣，〈台積電赴美設廠被逼的？專家曝美恐怖陰謀〉，《中時新聞網》，2021年4月20日，https://www.chinatimes.com/realtimenews/20210420004105-260410?chdtv。

33 36Kr，〈英特爾爲何現在想要「重啓」代工，那先前他們到底幫了哪些廠商代工、又爲什麼會失敗？〉，《T客邦》，2021年4月19日，https://www.techbang.com/posts/85714-intel-cannot-be-tsmc。

合作對象，而非擁有地緣政治風險的台積電。[34]

此外，美國爲扶持晶片產業，拜登政府提出《晶片法案》，[35]鼓勵各國的晶圓廠赴美設廠，並擴大「美國製造」的晶圓產能，內容包含520億美元的晶片補貼，與高達2,000億美元促進技術創新的預算。但由於涉及金額過高，在參眾兩院間引起激烈辯論，導致該法案於2021年通過第一版後就卡關，後來終於在2022年7月20日獲參議院投票通過。拜登於同年8月9日簽署該法案後稱，晶片產業的未來是要「美國製造」。[36]

美國國務卿布林肯於9月23日接受美國哥倫比亞廣播公司（CBS）節目《60 Minutes》專訪時指出：中國在印太地區的行爲越來越挑釁，不但對區域和平穩定造成威脅，同時也危及對全球高科技產業至關重要的半導體製造業。而幾乎所有半導體都是在台灣製造，台灣若有事，將會造成重大損失。這也是爲何大力推動在美國生產半導體的原因之一。美國雖設計出半導體，卻只在少數地方生產，而其中台灣生產又占大部分。若遭到破壞，對全球經濟的影響會是毀滅性。[37]

---

[34] 郭宜欣，〈拜登訪韓直奔三星電子工廠！南韓總統尹錫悅：發展基於尖端技術和供應鏈合作的「韓美經濟安全同盟」〉，《風傳媒》，2022年5月21日，https://www.storm.mg/article/4343987。

[35] 該法案全名爲《創造對生產半導體有益的激勵措施法案》（*Creating Helpful Incentives to Produce Semiconductors Act*）。

[36] 張文馨，〈拜登簽署晶片法案 誓言未來要「美國製造」〉，《聯合報》，2022年8月10日，https://udn.com/news/story/6813/6525563。

[37] 郭正原，〈布林肯：台灣是半導體重鎮 台灣有事恐對全球經濟造成毀滅性

雖然拜登誓言未來晶片要在美國製造，但是台經院產經資料庫研究員暨總監劉佩眞表示，台灣還是占有競爭優勢，因爲台積電10奈米以下先進製程全球占比高達63%，成熟製程產能也是全球第一，占比約20%。《金融時報》主編泰特（Gillian Tett）稱，就算《晶片法案》通過，美國短期也難晶片自主化，台廠最該擔心者爲半導體人才被挖走。美國喬治城大學建議，應給數千名台灣與南韓半導體人才簽證，才能讓美國半導體產業順利運作。[38]

根據《ETtoday新聞雲》報導，中央大學經濟學系教授吳大任表示，《晶片法案》通過後，美國半導體製造廠商因爲獲得大規模補貼，將擁有市場競爭優勢，可吸納美國品牌廠商的代工訂單，減少晶片進口依賴。台灣半導體製造商除將面對美國強勁競爭對手外，更可能失去與美國廠商的互補關係與技術移轉，未來將更難維持足夠的技術水準與市場競爭力。一旦美國半體產業成功整合製造部分，形成完整的半導體供應鏈，美國廠商必定減少對台灣晶片代工需求，嚴重衝擊台灣半導體產業。他提醒政府與相關企業亟需儘早研擬對策，因應即將到來的全球半導體供應鏈巨變。[39]

影響〉，《上報》，2022年9月26日，https://www.upmedia.mg/news_info.php?Type=3&SerialNo=155031。

[38] 張方毓，〈硬拉台積電設廠，吵半天的美國「晶片法案」現在走到哪？〉，《科技新報》，2022年7月30日，https://technews.tw/2022/07/30/chips-act-takes-step-forward-on-long-road-to-production/。

[39] 林淑慧，〈美商務部長：不能依賴台灣！ 學者示警美晶片法案影響台供應鏈〉，《ETtoday新聞雲》，2022年10月2日，https://finance.ettoday.net/news/2349940。

（二）其他重要國家的晶片產業發展

除了美國外，日本亦積極邀請台積電赴日本設廠。2021年2月台積電宣布將在日本茨城縣筑波市設立材料研發中心，3月成立完全子公司TSMC Japan 3DIC R&D Center，10月更宣布將在九州熊本設立22奈米與28奈米12吋晶圓廠，11月公布與索尼半導體解決方案公司（Sony Semiconductor Solutions Corporation, SSS）合資成立子公司Japan Advanced Semiconductor Manufacturing（JASM）的建廠構想。根據估算，台積電在日本的投資規模將達1兆日圓，日本政府預計補助一半資金。日本政府於當年6月宣布的《半導體戰略》中，提出對半導體供應商提供補貼，將追加編列6,000億日圓預算，支持半導體供應商在日設廠，其中約4,000億預計補貼台積電的建廠。[40]

歐洲國家也意識到晶片的重要性，以及兩岸關係對晶片供應的影響。因此歐盟執委會於2022年2月8日發布報告，爲了確保半導體技術領先及供給晶片無虞，制定《歐州晶片法案》（*European Chips Act*），以協同歐盟成員國一起投入430億歐元（新台幣1.36兆元），預計2030年在半導體市場中搶下全球至少20%的市占率。該法案強調，將打造適合投資的環境，爲半導體先進製程做出貢獻，甚至提供半導體新創公司20億歐元的融資，支持中小企業在市場上擴張。歐盟執委會主席馮德萊恩稱：「《歐洲晶片法案》將改變歐洲的市場競爭

---

40 〈台積電一兆日圓投資開啓戰略新局，日本「復興本土半導體」的野心與歷史教訓〉，《關鍵評論》，2021年12月6日，https://www.thenewslens.com/article/159750。

力，除了短期緩解晶片荒外，中長期歐洲將成爲工業領導者。」[41]

中國是全球最大的半導體晶片進口國，也是重要的晶片消費市場。[42]中國是兩岸關係的事主之一，兩岸關係緊張當然也會影響中國從台灣取得晶片。《經濟日報》社論評論稱，兩岸關係惡化所導致的經貿阻礙，只會更妨礙中國取得所需的台灣晶片等重要半導體產品，對中國而言明顯弊大於利。[43]中國由於受到美國科技制裁與兩岸關係的因素影響，導致其晶片的取得受到阻礙，因此全力投入半導體產業的發展，在政府鼓勵下，包括阿里巴巴、百度、中興通訊等許多中國企業紛紛參與晶片的研究、設計與生產製造。[44]

中國的晶片產能正在快速上升，根據中國國家統計局的數據顯示，2021年中國企業與外資工廠共計生產3,594.3億塊晶片，同比增長33.3%。美國半導體工業協會預測，如果保持此成長趨勢，到2024年，中國半導體行業可能占全球銷量的17.4%。從此發展觀之，中國在推動半導體產業自主發展方面成績斐然。但根據安邦智庫（ANBOUND）的研究顯示，中國晶片產業雖然發展迅速，但尚無法擺脫美國的技術限制。因爲中國的晶片產業存在致命弱點：中國企業

---

41 莊貿捷，〈歐盟推430億歐元「歐洲晶片法案」打造本土半導體產業，點名台灣是理念相近的夥伴〉，《關鍵評論》，2022年2月9日，https://www.thenewslens.com/article/162562。

42 安邦智庫，〈客觀看待中國半導體產業的發展〉，《香港01》，2022年1月27日，https://www.hk01.com/sns/article/729281。

43 經濟日報社論，〈台港緊張 大陸不會是贏家〉，《經濟日報》，2022年2月12日，https://udn.com/news/story/7338/6092581。

44 安邦智庫，〈客觀看待中國半導體產業的發展〉。

能夠設計先進的晶片，但是無法自己加工，幾乎都必須依賴台積電。中國的晶片產能技術還停留在中低端水準，其晶片廠與西方先進水準的技術差距，在短期內難以縮小。[45]

韓國的晶片產業非常發達，尤其是三星電子更是台積電的競爭對手，目前先進製程晶圓代工市場由台積電與三星電子兩強瓜分。[46]因此三星電子成爲美國政府積極拉攏的合作對象，如拜登總統於2022年5月20日展開上任以來第一次亞洲行，首站訪問南韓時，表示與南韓在半導體技術合作的決心。目前韓國的晶片產業雖然仍落後台灣，但是南韓政府宣布「綜合半導體強國戰略」，宣布未來十年將投資510兆韓元（約新台幣12.67兆元），打造全球最大、最尖端的半導體供應鏈，涵蓋半導體材料、設備、設計、製造等所有面向，包括三星電子、SK海力士等153家相關企業，都在政府扶持之內，搶當世界半導體產業龍頭。[47]

另外，在南韓政府的大力推動下，三星電子於2023年3月15日宣布，將在首爾南部的龍仁市（Yongin-si）打造全球最大的半導體園區，確保產業競爭優勢。三星將在未來二十年（2042年）將投資300兆韓元（約2,300億美元），在該園區建設五座半導體廠；第一座半

---

45 同前註。

46 書房編輯，〈迎接巨變的半導體產業 韓國分析師解析三星走向〉，《工商時報》，2022年6月6日，https://ctee.com.tw/bookstore/selection/654790.html。

47 溫潤身，〈〈時評〉全球市場供過於求 台灣半導體晶片業不進則退〉，《台灣英文新聞》，2022年7月31日，https://www.taiwannews.com.tw/ch/news/4612515。

導體廠計畫於2029年投入生產。該園區將吸引150家原物料、零件與半導體公司進駐，屆時南韓將擁有全球最大的半導體聚落。由此可見，南韓在發展半導體產業的企圖心。

根據《聯合報》報導，裴洛西議長訪台，觸發中國解放軍對台灣展開「封島」軍演。幾乎所有跨國製造商都依賴亞洲穩定及可預測的安全環境，包括蘋果及波音等公司。但這種安全環境已被打破，以晶片爲例，在目前環境下，台灣的晶片供應能力開始受到質疑。[48]各國爲了避免兩岸緊張情勢影響晶片的供應，紛紛發展自己的晶片製造能力，但是由於先進晶片的製程門檻相當高，是否能夠成功還有待觀察。故目前各國還是需要我國供應的晶片，尤其是台積電的晶片。因此台灣若有事，台晶電一定會有事；台晶電一旦有事，全世界的晶片供應鏈就會有事，就會產生全球性的晶片危機，影響全世界的經濟。

三、中國會因爲台積電而忌憚攻打台灣的反證

《紐約時報》於2021年6月7日報導中引述美國情報官員稱，習近平顧慮對台灣動武，部分是因爲擔心摧毀台積電的生產線；這可能導致傷害中國大多的電腦運算與通訊戰略布局，而該風險對於習近平過於巨大而不敢採取行動。[49]但此說法可能太過樂觀了，因爲中

[48] 盧炯燊、孫梁，〈外媒：亞洲政治風險已增加〉，《聯合報》，2022年8月8日，https://udn.com/news/story/10930/6520120。

[49] 〈紐時：習近平不敢武統台灣 怕摧毀台積電產線〉，《聯合報》，2021年6月8日，https://www.upmedia.mg/news_info.php?Type=3&SerialNo=115343。

國當局多次宣稱將不惜代價統一台灣，例如其時任國防部部長魏鳳於2022年6月10日在新加坡出席第19屆「香格里拉對話」（Shangri-La Dialogue）時就撂下狠話說，台灣問題是中國內政，「如果有人敢膽把台灣分裂出去，一定會不惜代價打到底」。[50]

根據《紐約時報》報導，多年來，中國進口的半導體，價值高於石油。中國於2021年購買逾4,300億美元的半導體，其中36%來自台灣。這種依存關係網，某種程度而言，有助維持兩岸和平。但是有分析人士懷疑，中國對台灣的晶片依賴到底能爲台灣提供多少保護，他們認爲供應鏈對戰爭的決定無足輕重。在柯林頓政府擔任海軍部長的丹齊格（Richard Danzig）就表示，在和平期間，相互依存關係確實是很重要。但是當戰爭爆發後，這些重要性都會被淹沒。[51]

而且，在「中國製造2025計畫」中，發展半導體製造被官方列爲重中之重。中國爲減少對國外晶片的依賴，正大力扶持自家晶片產業，並利用補助方式吸引外國半導體廠商到中國設廠。《華爾街日報》曾請紐約研究公司榮鼎集團（Rhodium Group）進行調查，發現從2017年到2020年，美國創投公司、晶片產業巨頭與其他私人投資者參與中國半導體產業的58項投資，比前四年的數量多出一倍以上；並

---

50 〈中國防長喊「若台獨不惜代價打到底」 陸委會：以武逼統終將自食惡果〉，《蘋果新聞網》，2022年6月12日，https://www.appledaily.com.tw/politics/20220612/LLWQBZWTK5GOLCZOPWSEID3HAI/。

51 季晶晶，〈紐時：台灣矽盾地位成「暴風眼」大陸來犯將玉石俱焚〉，《聯合報》，2022年8月30日，https://udn.com/news/story/6809/6573988?from=udn-catehotnews_ch2。

發現英特爾是積極的投資者之一，它投資位在上海的概倫電子公司。《紐約時報》表示，美國公司及其在中國的分支機構對中國半導體公司的投資，將有助於中國爭取晶片產業的主導地位。[52]

另外，根據外電報導中國晶片龍頭中芯國際已經悄悄發展出7奈米製程晶片，也順利出貨給美國一家挖礦公司，雖然這項技術讓外國科技網站認爲有抄襲台積電的嫌疑，但無論如何，即使中國遭美國爲首的西方國家圍堵包括高階半導體在內的技術，中國正動用國家之力扶植半導體產業，配合人才的挖角，推動中國半導體技術的精進。這則新聞證實中國確實擁有7奈米先進製程，顯然美國並沒有成功圍堵先進製程進入中國。[53]若中國一旦擁有先進的晶片製造技術，台積電就不會成爲攻打台灣的顧慮了。

第四節　台灣供應鏈不可取代的反證

雖然如前所述，台灣的許多產業在全球的供應鏈中占有非常重要的地位，但是根據《TVBS新聞》報導，近幾年來全球產業分工出現重大變化，除了因爲新冠疫情一度導致供應鏈中斷外，包括中美角力升溫、俄烏戰爭以及第四次台海危機爆發，都讓歐美意識到地

---

52 〈美國投資正助力中國爭奪晶片行業主導地位〉，《華爾街日報》，2022年1月10日，https://is.gd/QWD4P8。

53 魏聖峰，〈拜登封殺中芯爲何爆驚人破口？台積電7奈米技術揭密：跪了〉，《中時新聞網》，2022年7月31日，https://www.chinatimes.com/realtimenews/20220731000005-260410?chdtv。

緣政治可能危及產業生存。因此歐盟努力推動所謂的「技術主權」（Technological Sovereignty），要確保原料與關鍵產品能夠穩定取得，尤其台海危機突顯西方對台灣過度依賴，因此歐美不但要「去中國化」（Desinicization），供應鏈亦要「去台灣化」，此趨勢恐怕將對台灣的電子代工業造成打擊。[54]

「金庫資本管理顧問公司」總經理丁學文表示，雖然我們洋洋得意在代工或是科技供應鏈裡面獨領風騷，可是從外國的角度觀之，我們也成爲它們的隱憂或風險所在。[55]因此，美國未將台灣列爲「友岸外包」（Friend-shoring）的名單中。資深媒體人陳朝平表示，《經濟學人》將台灣列爲地球上最危險的地區，就連外交部部長吳釗燮於2021年5月4日接受《澳洲金融評論報》（*Australian Financial Review*）記者史密斯（Michael Smith）視訊專訪亦宣稱，中國似乎準備對台發動「最後攻擊」。危邦不入，亂邦不居，試問哪個國家與企業敢在關鍵的供應鏈方面完全依賴台灣呢？[56]

除了歐美國家欲減少對台灣供應鏈的依賴外，中國方面亦有此想法。中國著名產業分析人士寧南山於2021年8月間，在其微博公眾號

---

[54] TVBS新聞，〈台海軍演喚醒危機意識 歐美供應鏈「去台灣化」衝擊代工製〉，《Yahoo》，2022年8月19日，https://is.gd/J1xpOn。

[55] 丁學文，〈全球供應鏈震盪 台灣未來10年最關鍵〉，《華視》，2022年4月30日，https://news.cts.com.tw/cts/life/202204/202204302078767.html。

[56] 陳朝平，〈時論廣場》整合供應鏈 交給最危險的台灣？〉，《中國時報》，2021年5月8日，https://www.chinatimes.com/opinion/20210508003493-262104?chdtv。

「深圳寧南山」分析兩岸統一問題對產業的影響時指出，北京將在準備充分的情況下才會推進統一台灣的進程，時間可能在2025年至2030年左右。爲因應統一台灣的時程，中國除了軍事裝備的籌備之外，產業鏈依賴台灣供貨也要未雨綢繆地實現去台灣化，以免戰爭發生時而措手不及。中國大量從台灣進口的產品，除了尖端晶片無法取代之外，其他的東西都可以逐漸替代，一旦台海局勢突然變化，高度依賴台灣供應鏈的企業若毫無準備，將會遭遇嚴重的損失。[57]過去台灣領先的面板、LED產業，逐步被中國的紅色供應鏈超越，就是血淋淋的案例。

台灣的供應鏈並非完全不可取代，時事評論者賀桂芬與陳顥仁就表示，美國政府提供許多利多，讓企業對供應鏈棄長求短，回流美國設廠，製造業的世紀大遷徙，卻使台灣面臨被廠商跳過的危機，在這波短鏈革命中，「台灣環節」可能會被跳過。[58]根據《華爾街日報》於2022年8月20日報導，根據遊說團體「回流倡議」（Reshoring Initiative）發布的報告顯示，因爲許多美國企業回流，將提供美國人35萬製造業工作機會，此將創下該組織自2010年開始追蹤數據以來最高紀錄，遠高於2021年的26.5萬份。[59]

---

[57] 盧伯華，〈預備2030年台海戰爭 寧南山：陸企供應鏈應提早「去台灣化」〉，《中時新聞網》，2021年8月24日，https://www.chinatimes.com/realtimenews/20210824005234-260409?chdtv。

[58] 賀桂芬、陳顥仁，〈全球製造業供應鏈從長變短，台灣恐怕被跳過？〉，《天下雜誌》，2018年3月13日，https://www.cw.com.tw/article/5088639。

[59] 賴宏昌，〈美國製造業工作加速回流，有助壓低赤字、通膨〉，《MoneyDJ

另外，政大財管系名譽教授周行一表示，裴洛西議長於2022年8月3日訪台結束後，台海的地緣政治風險已演變成日益惡化的長期風險，歐美企業一向重視地緣政治風險管理，戰爭雖然是個機率極小的極端事件，但是如果它們認爲發生機率已大爲增加，必定會開始調整供應鏈。台灣企業當然是美國的友善供應鏈，但是台灣的地理位置卻讓歐美企業暴露在極高的地緣政治風險中，因此台商必定會面臨像台積電的壓力，必須到歐美設廠，這對台灣經濟是重大警訊，當台灣產業被迫外移，產業空洞化的後果可能就將接踵而至。[60]由此可知，我國千萬不可自恃台灣因爲有許多重要的產業供應鏈，就樂觀地認爲中國不敢以武力侵犯台灣。

理財網》，2022年8月22日，https://www.moneydj.com/kmdj/news/newsviewer.aspx?a=09450b3b-60b1-41d6-adbd-7517dff1b593。

60 周行一，〈地緣政治波及台灣供應鏈 產業被迫外移是警訊〉，《ETtoday 新聞雲》，2022年8月8日，https://forum.ettoday.net/news/2311684。

結　語

自從安倍於2021年12月1日公開說出：「台灣有事，即日本有事，也就是日美同盟有事」之後，這句話成爲國內各界討論的熱門話題。本書在前言時針對安倍的說法提問：「難道台灣有事，就只有日本會有事而已，其他國家都不會有事嗎？」在此疑問之下，展開相關議題的探討，包括：第一章先討論中國與日本之間的舊恨與新仇，發現雙方在近期內不可能化解這些恩怨，所以安倍才會說「台灣有事，即日本有事，也就是日美同盟有事」；其次在第二章探討俄烏戰爭相關情形，作爲未來台海可能發生衝突的前車之鑑。

接著在第三章研判台海戰爭可能產生的危機，以及對區域及世界的可能影響；該章認爲，台海戰爭對區域與世界的影響，會比俄烏戰爭的影響更爲嚴重。隨後在第四章探討中國內部對台灣「和統」與「武統」的爭辯，發現目前其內部「武統」的聲量大過「和統」，值得我們密切關注。第五章探索台灣有事時，到底有誰會來相助的問題；發現唯有同時具能力與意願的民主國家，才會在台灣危急之際前來幫助；最後在第六章列舉幾項對台灣重要性的反證，辯證台灣是否眞的重要到其他國家皆會來相助，並協助台灣對抗中國的入侵。

在經過對上述六項議題廣泛及深入的探討之後，證明台灣的民主制度、地緣戰略地位與高科技在世界中都具有重要的地位，故本書贊同安倍所說：「台灣有事，即日本有事，也就是日美同盟有事。」但是本書進一步推論認爲：「台灣有事，不只日本與美國有事，而且全世界都會有事，甚至連禍首中國也會有事。」因此，台海衝突將如同俄烏戰爭一樣，產生巨大的「蝴蝶效應」，波及全世界，甚至可能會比俄烏戰爭所造成的影響還嚴重。因此，可以簡單地總結爲：「台灣有事，全世界都有事。」（A Taiwan emergency is an emergency for the whole world.）

許多國家的政治人物亦表示同樣的觀點與憂慮，例如於2023年4月17日率團來台訪問的法國國民議會友台小組主席博多黑（Eric Bothorel）就表示，「台灣有事」就是「全世界有事」。另外，韓國總統尹錫悅於同年4月18日在接受《路透社》專訪時一改韓國政府過去對台海問題保持謹慎的態度，而表示，台灣緊張局勢加劇是因爲中方企圖以武力改變現狀，他反對這種改變，並首度稱「台灣問題不僅是中國與台灣之間的問題，而且和北韓問題一樣，是一個全球性問題」。尹錫悅的發言引發中國外交部批評「台灣問題不容他人置喙」，而南韓外交部亦立即發布聲明，直指中方這番發言是「令人不得不懷疑中國國格的嚴重外交失禮」。

台灣由於長治久安，大部分人民早就已經失去戰爭的危機感。然而，裴洛西議長訪台所引起的兩岸關係緊張，讓國人突然感覺到，原來戰爭離我們如此近。現在中國內部對台灣「武統」的聲音已經超過「和統」，這是一種危險的警訊。台海若不幸發生衝突，會來相助的國家其實不多。美國總統拜登雖然四次公開說一旦中國以武力攻台，將會協助以軍事力量保衛台灣，但此畢竟僅是拜登的口頭承諾，未有具體的協議，而且拜登不可能永遠在位，他一旦卸任，繼任者是否還會像他一樣支持台灣呢？不要忘記了，美國曾經多次想放棄台灣，而且美國的「棄台論」還是存在。

川普的前國安顧問波頓（John Bolton）於2020年6月間出版的著作《事發之室：白宮回憶錄》（*The Room Where It Happened: A White House Memoir*）中就爆料稱，川普曾以他辦公室的筆跟桌子，表達台灣與中國在他心目中的重要性。川普說台灣的重要性只像他的簽字筆筆尖，中國的重要性卻像總統辦公室裡又大又重，還富有歷史意義的堅毅桌（Resolute Desk）。另外，《華盛頓郵報》負責白宮事務的記者羅金（Josh Rogin）於2020年6月出版的著作《天下大亂：川普政府的中國政策，其形成、矛盾與內幕》（*Chaos Under Heaven: Trump, Xi, and the Battle for the Twenty-First Century*）中首度透露，川普曾經向一名參議員說：「如果中國入侵，我們根本什麼事都無法做。」

因此台灣必須自立自強，不可將自己的國家安全寄望在美國或其他國家的身上。我們應該想盡辦法增強自己的實力，包括提升傳統戰力與各式不對稱戰力；增強情報戰力，以掌握中國對台可能動武的企圖；而且還要想辦法恢復兩岸的對話管道，以避免兩岸因誤會而產生衝突；強化國家的各種韌性力，讓自己在戰火中生存下來；並努力降低中國當局對於統獨的急迫感，以爭取時間，換取生活空間，如此才能抵禦共軍可能的侵略。正如《孫子兵法》的〈九變〉篇所說：「勿恃敵之不來，恃吾有以待之。」

而我國目前最需要加強的力量，除足以抵禦中國解放軍侵略的軍事力量「硬實力」（Hard Power）之外，還必須加強各個領域的「韌性力」（Resilience）。「韌性力」又稱爲「抗逆力」或是「抗壓力」，簡言之就是能夠承受任何打擊的能力，國家不至於因爲敵人的武力攻擊，而立刻遭致滅亡；「韌性力」又可稱爲「復原力」，亦即一旦遭受攻擊後，是否能夠很快的恢復戰力；「韌性力」又被稱爲「韌實力」（Power of Resilience）。俄烏戰爭告訴我們，戰爭並非僅是軍事力量的對抗，還需要比雙方的「韌實力」，包括政治、經濟、科技、社會、基礎設施等各方面。烏克蘭就是擁有堅強的「韌實力」，才能「以小博大」，抵禦強大的俄軍並存活下來，這也是我國必須擁有與加強的力量，如此才能對抗數倍於我國軍的解放軍。

此外，我國必須努力與各國的利益緊密結合在一起，因爲利益才是國家之間的重要黏合劑。英國前首相帕默斯頓爵士就說：「我們沒有永遠的盟友，我們也沒有永久的敵人。我們的利益才是永遠與永久的，而我們的責任就是去追隨這些利益。」邱吉爾亦強調：「國與國之間沒有永遠的朋友，只有永遠的利益！」其實這才是國與國相處的根本原則，沒有相互利益，就不會有相互合作。我們必須努力加強與重要國家的關係，有如元代大畫家趙孟頫之妻管道昇所寫《我儂詞》中所稱：「我泥中有你，你泥中有我」，彼此分不了。而且「我的事就是你的事，一旦我有事，你們都會有事，沒有人跑得了」。

《孫子兵法》有云：「殺敵一千，必先自損八百」，由俄烏戰爭的發展可證明孫子所言不虛。兩岸若發生戰爭，雙方的傷亡必定非常慘重。前國防部戰略規劃司副處長、現爲大學兼任教授姚中原就表示：「台海戰爭一旦爆發，必定傷亡慘重，但中國絕不會是贏家，戰爭也不會輕易結束。」美國印太司令部司令阿基里諾於2023年5月23日出席紐約非政府組織「美中關係全國委員會」時表示，希望習近平能從俄烏戰爭記取教訓，未來侵略台灣是不可能「速戰速決」，台海戰爭也將對中國人民造成毀滅性的打擊，包括鮮血與財產。所以希望中國領導者能夠謹慎處理兩岸問題，切莫成爲中國的歷史罪人。[1]

最後，願天佑台灣，兩岸永遠不要發生戰爭！

---

1 姚中原，〈台海戰爭將是中國大悲劇〉，《自由時報》，2023年5月30日，https://talk.ltn.com.tw/article/paper/1585632。

國家圖書館出版品預行編目(CIP)資料

台灣有事，全世界都有事：國際變局下的台海危機／過子庸, 陳文甲著.--初版--.--臺北市：五南圖書出版股份有限公司, 2023.07
面； 公分.
ISBN 978-626-366-232-2（平裝）
1.CST: 臺海安全 2.CST: 地緣戰略
599.8 112009575

4P96

台灣有事，全世界都有事
國際變局下的台海危機

作　　者 — 過子庸(513)、陳文甲
發 行 人 — 楊榮川
總 經 理 — 楊士清
總 編 輯 — 楊秀麗
副總編輯 — 劉靜芬
責任編輯 — 黃郁婷
封面設計 — 姚孝慈
出 版 者 — 五南圖書出版股份有限公司
地　　址：106台北市大安區和平東路二段339號4樓
電　　話：(02)2705-5066　傳　　真：(02)2706-61
網　　址：https://www.wunan.com.tw
電子郵件：wunan@wunan.com.tw
劃撥帳號：01068953
戶　　名：五南圖書出版股份有限公司
法律顧問　林勝安律師
出版日期　2023年7月初版一刷
定　　價　新臺幣320元